AF557398

DER JAGA

DER KOCH

GRAFIK & DESIGN:
Melanie Kraxner
Roberto Funke

FOTOGRAFIE:
Armin Walcher

SET DESIGN & STYLING:
Melanie Kraxner

LITHOGRAFIE:
Christoph Ratzer

LEKTORAT:
Martina Paischer

GESCHIRR:
Gmundner Keramik

Medieninhaber, Verleger und Herausgeber:
Red Bull Media House GmbH
Oberst-Lepperdinger-Straße 11–15
5071 Wals bei Salzburg, Österreich

DER JAGA

Christoph Burgstaller

Rudi Obauer

DER KOCH

Das neue Bild der Jagd in zahlreichen Bildern von der Wildbeobachtung und Pirschgängen, mit Texten, die das Verständnis für Wildtiere und ihre Probleme fördern, und mit Rezepten, nach denen wunderbare Gerichte mit Wildbret gelingen.

DAS VORWORT

Sich in den Dialog zwischen Koch und Jaga einzubringen, ist eine gleichermaßen schöne wie auch mittlerweile wichtige Sache. Denn wir leben in einer Zeit, in der die normalsten Dinge nicht mehr normal sind und neu definiert werden.

Die Symbiose zwischen dem Koch und dem Jaga ist eigentlich die älteste, natürlichste und nachhaltigste seit dem Bestand von Kulturen. Je höher man da ansetzt, sowohl im Ethischen als auch im Geschmacklichen, desto besser. Das Zerwirken und die Verwertung des Wildes ist für die meisten jungen Köche ja schon lange aus ihrem Blick und ihrem Wirkungsfeld gerückt – leider. Weder in den höheren noch in den normalen Berufsschulen lernt man diesen gesamtheitlichen Umgang mit dem, was die Natur uns gibt. Ausnahmen bestätigen die Regel.

Umso mehr imponiert mir der Impuls dieses Buches, das dem Leser einen genauso sinnlichen wie auch ethischen Zugang eröffnet. Dies ist umso wichtiger, als das heimische Wildfleisch zunehmend dem Preisdruck von Importware aus vielen verschiedenen Ländern ausgesetzt ist. Wenn man von der Vermassung im kulinarischen Bereich einmal absieht, haben wir ja alles in Hülle und Fülle, beste Wildqualität und das Know-how unserer großartigen Köche und Küche. Wer diesem natürlichen Prozess nahe ist – also von der Hege bis zum Erlegen und Verwerten –, für den ist es selbstverständlich, dass von einem Wildtier, aber auch von jedem anderen Tier, so viel wie möglich zu verwerten sein sollte.

Das sind wir dem Lebewesen schuldig. Und darüber hinaus sind wir es uns und der Schöpfung schuldig, dass wir ihre Gaben mit aller Fantasie und allem Können und aller Lust so köstlich wie möglich zubereiten.

Viel Freude beim Lesen und gutes Gelingen beim Nachkochen!

TOBIAS MORETTI

DER INHALT

Wie sich das Wild verhält und vermehrt, wann und wie man es erfolgreich beobachten kann, wie man es erlegt und wie man Wildbret auf neue Art und immer wieder köstlich zubereitet. Dokumentation eines Kreislaufs von Hege, Ernte und kulinarischer Nutzung einer wertvollen Gabe der Natur.

Das neue Bild der Jagd in zahlreichen Bildern von der Wildbeobachtung und Pirschgängen, mit Texten, die das Verständnis für Wildtiere und ihre Probleme fördern, und mit Rezepten, nach denen wunderbare Gerichte mit Wildbret gelingen.

Der Inhalt

DAS JAGEN

Vom Jagen, Fangen, Hegen, Herrschen

Im vierten Jahrhundert vor unserer Zeitrechnung machte sich in Ephesos Heraklit Gedanken über die Welt und ihre Ordnung. Einige seiner Erkenntnisse wurden zu geflügelten Worten. Etwa, dass „alles fließt", womit der Denker das stete Werden und Vergehen im Kreislauf der Natur zum Ausdruck brachte. Heraklit stellte auch fest, dass der Krieg der Vater aller Dinge sei, denn der Krieg erzeuge Armut und Reichtum, mache Herrscher und Sklaven und so weiter.

Weil der Krieg und die Jagd in den frühen Zeiten viele Gemeinsamkeiten hatten, hätte Heraklit hinzufügen können, dass die Jagd die Mutter aller Dinge sei, denn für die Jagd mussten sich die Jäger rüsten, mussten Waffen und Fallen erdenken und herstellen. Die Jäger mussten sich auch organisieren und arbeitsteilig vorgehen, um gefährliche Tiere zu erlegen. Mit dem technischen Fortschritt – vom Faustkeil zur Axt, von der Axt zum Speer, vom Speer zu Pfeil und Bogen und mit der Organisation von Jagdgesellschaften – befinden wir uns an der Wiege der Zivilisation.

VON DER FALLE ZUR VIEHZUCHT ___ Die frühen Menschen beschafften sich ihre Nahrung durch Sammeln und Jagen. Während das Sammeln Kenntnisse über essbare Pflanzen, Früchte, Vogelgelege etc. erforderte, musste der Mensch bei der Jagd einfallsreich vorgehen. Eine der Erfindungen für die Erbeutung großer Tiere war die Fallgrube, eine andere war das Gehege. Die Menschen bauten an geeigneten Stellen undurchdringliche Zäune, trieben Tiere in diese Umfriedungen und verschafften sich so einen lebenden Fleischvorrat.

Aus dieser „Gatterhaltung" entstand die Viehzucht mit den bekannten Vorteilen für die Spezies Mensch. Die Verwertung von Tieren – ob erjagte oder gezüchtete – brachte dem Menschen erst jene Überlegenheit, die ihm Raum für die Entwicklung von Kultur und Wissenschaft eröffnete. Für Kunst auch, wie sich an den Wänden der Höhlen von Lascaux eindrucksvoll studieren lässt. Die mindestens 15 000 Jahre vor unserer Zeit entstandenen Darstellungen zeigen Wildtiere – Hirsche, Pferde, Steinböcke, Auerochsen, Großkatzen, Wisente, ein Nashorn, einen Bären, ein Rentier. Auch eine Jagdszene wurde auf den Fels gezeichnet, was die Bedeutung der Jagd und der Konfrontation mit Wildtieren für die Menschen der Frühzeit unterstreicht.

DURCH DIE JAGD ZU ANSEHEN UND MACHT ___ Von der Jagd als Substrat für das Wachstum von Kultur bis zur Jagd als Kulturgut brauchte es noch etwa 10 000 weitere Jahre. Schriftliches Zeugnis haben wir darüber, dass in den Stadtstaaten Griechenlands die erfolgreiche Ausübung der Jagd ein Mittel war, um einen hohen Status in der Gesellschaft zu erlangen. Mit dem Erlegen großer Tiere ließ sich zeigen, wer das Zeug zum Krieger und zum Beschützer der Gesellschaft hatte. So fanden Herrschertum und Jagdwesen zueinander, und bis in die jüngste Vergangenheit sollten sie eng miteinander verwoben bleiben.

DER STATUS IM NEUEN BILD DER JAGD ___ In einem neuen Verständnis der Jagd, das den Jäger und die Jägerin nicht mehr als Helden führt, ist die Jagd als Vehikel zu mehr Prestige von geringerer Bedeutung. Anerkennung gewinnt nicht, wer viele große Tiere zur Strecke bringt, sondern wer die Jagd im Dienste der Natur und des gemeinsamen Lebensraums von Wild und Mensch betreibt.

ZUR ETYMOLOGIE

„Jagd" ist ein Vokabel, das die Zeiten fast ohne Veränderung überdauert hat. Schon im Althochdeutschen – also ziemlich nah an der Wurzel der deutschen Sprachgeschichte – bezeichnete das Wort jagōn ziemlich genau das, was wir heute unter jagen verstehen.

Adonis – dem schönsten Mann im Reich der mythischen Gestalten – wurde die Jagd zum Glück und Schicksal: Auf der Jagd begegnete er der Liebesgöttin Aphrodite, auf der Jagd beendete seinen göttlichen Lebenslauf ein wilder Eber (in dessen Haut sich freilich der in Eifersucht entflammte Kriegsgott Mars verborgen hielt).

Hohe Jagd, niedere Jagd, keine Jagd

Für die Jagd als Insignum der Macht und Quelle von Vergnügen wurden früh schon gesetzliche Regeln entwickelt. Die ersten Jagdordnungen datieren in jene Zeit, als sich im Europa nach der Völkerwanderung die ersten Staaten und Hoheitsgebiete, Königreiche und Herzogtümer konstituierten. Dabei gefiel es den Fürsten auch, das Nutzungsrecht der freien Natur zu beanspruchen. Man unterschied schließlich zwischen „Wald", der niemandem gehörte, und „Forst", über den der Herrscher verfügte. Im Wald durfte jeder jagen, im Forst war es alleinige Sache des Herrschers. Er konnte das Jagdrecht auch delegieren, indem er es beispielsweise an Adelige geringeren Grades als Lehen gab oder Klöstern das Recht auf Jagd übertrug.

Weil den Bauern in der Regel die Mittel zur Jagd fehlten – nämlich Waffen, Pferde, Hunde ... – blieb die Jagd auf hochmögende Herren beschränkt; die Bauern betätigten sich allenfalls im Fallenstellen und Schlingenlegen.

Unter allen Herrscherdynastien haben sich die Karolinger (751–987) in der Entwicklung von Jagd- und Jagdrecht besonders hervorgetan und konnten stilbildend für das Jagdwesen auf deutschem und französischem Geläuf wirken.

Die Idee der minimalen Reviergröße geht auf ein Gesetz Franz Josephs I. zurück – das erste Gesetz, das der Kaiser in seiner 68 Jahre währenden Regentschaft unterzeichnete.

DIE REVIERE ALS GRENZEN DES HERRSCHAFTSANSPRUCHS ___ Das Abstecken von Revieren datiert ins 11. Jahrhundert. Kaiser und Könige bestimmten Wildbanngrenzen, innerhalb derer nur sie selbst oder von ihnen Ermächtigte zur Jagdausübung und Forstwirtschaft berechtigt waren. Mit diesen Wildbanngrenzen wurden auch die zuvor nur sehr unbestimmt definierten Grenzen des Herrschaftsanspruchs erstmals klar und deutlich.

Schließlich war es Maximilian I., der letzte Ritter, der um das Jahr 1500 schriftlich niederlegte, was zu seiner Zeit radikal fortschrittlich war und heute fundamental für die Jagd ist: Gedanken zur Ökologie, Anweisungen zur technisch korrekten Jagd, Vorschriften für nachhaltige Bewirtschaftung der Jagdgebiete. Den Abschussplan hat der Kaiser gleich miterfunden.

Die weise Fürsorge des Herrschers hatte einen enormen Anstieg der Wildpopulation zur Folge, was wieder die Jagd erheblich erleichterte und (dies gar nicht vorbildlich für die heutige Zeit) zur Ausbildung kurioser Praktiken führte – zum Beispiel der des „Gämsenstechens". Dabei wurden die reichlich vorhandenen Hornträger auf recht unromantische Art erbeutet, indem man sie mithilfe langer Stangen aus den Felsen hob.

WIE MAN DIE REHWILDPLAGE LÖST ___ An der Wende zur Neuzeit entwickelte sich auch die Unterscheidung zwischen hoher Jagd und niederer Jagd, die im Begriff des Niederwilds bis heute fortlebt. Hohe Jagd war dem hohen Adel vorbehalten und erstreckte sich in der Regel auf

Hirsch, Wildschwein, Gämse und Steinbock. Andere Wildtiere durften von Adeligen niedrigerer Ränge und Bauern bejagt werden.

Rehwild pendelte zwischen der Qualifikation als Hochwild und Diskriminierung als Niederwild hin und her. Vor etwa 250 Jahren erklärte man Rehwild zum Niederwild und gestattete auch Bauern die Bejagung. Mit dem Erfolg, dass Rehwild bald vor der Ausrottung stand. Darauf wurden erneut Beschränkungen erlassen.

HOHE UND NIEDERE JAGD HEUTE ___ Die weitreichende Überwindung von Standesdünkeln hat auch die Diskussion obsolet gemacht, wer auf welches Wild das Recht zu jagen hat. Im neuen Bild der Jagd gibt es vor allem die Pflicht zu jagen, um die Tierpopulationen in den Revieren in Balance zu halten. Die Jagd auf Fuchs oder Wiesel, die den Gelegen des Auerwilds großen Schaden zufügen können, ist ethisch betrachtet von keinem geringeren Rang als die in einem ganzen Jägerleben vielleicht einmalige Jagd auf den Auerhahn.

Füttern oder nicht füttern, sein oder nicht sein.

Im Nationalpark Belluneser Dolomiten herrscht seit Jahrzehnten Jagdverbot. Desgleichen werden keine Maßnahmen zur Pflege und Reduktion des Wildbestands getroffen. Damit existiert das langfristige 1:1-Experiment einer sich selbst überlassenen Natur mit reichlichem Wildvorkommen. Allein 2000 Stück Gamswild sind dort zugange, dazu Rotwild, Steinwild, Muffelwild und so weiter bis zu Hermelinen. Das Resultat des Großversuchs: Die Wildtierpopulationen bleiben stabil auf ansehnlichem Niveau.

Tierschützer könnten nun auf den Gedanken kommen, das Modell ließe sich großflächig ausrollen, die Jagd könnte als ethisch ungerechtfertigter Eingriff in das Leben der Natur abgeschafft werden. Die Rahmenbedingungen zeigen allerdings, dass es sich um einen Sonderfall handelt. Der Park erstreckt sich über nicht weniger als 32000 ha und auf Höhenlagen über 2500 Meter. Die Interessen der Land- und Forstwirtschaft kollidieren dort nicht mit jenen der Wildtiere.

MENSCH VS. WILD ___ Wo Ausgleich zwischen den Interessen der Wirtschaft und den Bedürfnissen der Wildtiere gefunden werden muss, ist passives Verhalten keine Option. Um Wildschäden und das Aussterben ganzer Wildtierpopulationen zu vermeiden, muss der Wildbestand reguliert und den Tieren geholfen werden, über die Winter zu kommen – im Winter in tiefe Lagen abzuwandern, wo auch bei Schneelage Äsung zu finden ist, können die Wildtiere heute nicht mehr, denn die meisten Täler beansprucht der Mensch für sich.

Damit ist Wildfütterung unerlässlich, wenn man gravierende Verbissschäden und das elende Verhungern von Wildtieren verhindern will. Wo Winterfütterungen aufgelassen werden, geht eine über viele Jahre hergestellte Balance verloren, das Wild muss an anderen Orten versuchen zu überleben – mit schwer vorhersehbaren Folgen.

WILDFÜTTERUNG IST GESETZ
In § 1 des Tierschutzgesetzes steht, dass der Mensch das Leben und Wohlbefinden der Tiere zu schützen hat – und Wohlbefinden setzt ohne Zweifel ein ausreichendes Nahrungsangebot voraus.

FÜTTERN IM NEUEN BILD DER JAGD ___ Weil der Mensch den Lebensraum des Wildes beschränkt hat, trägt er auch Verantwortung für die Folgen. Winterfütterungen sind das Mittel, Wildtierpopulationen stabil und an einem günstigen Standort zu halten.

Historische Jagd-exzesse: Leidenschaft, die Leiden schafft

Je gößer das Ego und je kleiner gewisse andere Qualitäten, desto eher neigen Menschen zur exzessiven Selbstdarstellung. Die Jagd bot dafür die geeignete Bühne, konnte doch dabei nicht nur die eigene Macht und Herrlichkeit inszeniert, sondern auch eine gottgleiche Macht über Leben und Tod demonstriert werden.

In dergleichen gefiel sich auch der später in Sarajevo ermordete Thronfolger von Österreich-Ungarn, Franz Ferdinand von Österreich-Este. Bei Franz Ferdinand kam noch das Unglück hinzu, dass er über ein besonderes Talent für das Schießwesen verfügte und daher äußerst effektiv die Obsession der Jagd – besser: das Erschießen von Tieren – ausüben konnte.

Am Hubertustag 1911 beförderte der Fürst nicht weniger als 1200 Tiere vom Leben zum Tod und übertraf damit nicht einmal seinen eigenen Rekord – den hatte er im Juni 1908 mit 2763 Stück aufgestellt (allerdings nur Möwen). Die Lebens-Jagdausbeute des hohen Herrn belief sich schließlich auf knapp 275 000 Stück „Wild", darunter Elefanten, Tiger, Löwen. Die Hoffnung, dies wäre maßlos übertrieben, Aufschneiderei, wie sie in den besten Jagdgesellschaften vorkommt, ist leider nur gering: Es wurde über die jagdlichen Aktivitäten des Thronfolgers peinlich genau Buch geführt, und wenn am Abend des österreichischen Kaiserreichs noch etwas funktionierte, dann solches Rechnungswesen.

Franz Ferdinand war sehr wahrscheinlich der „produktivste" in einer schlechten Gesellschaft an schießfreudigen Regenten, Prinzen und Potentaten. Sein Onkel, der im regierungsreichen Alltag bis auf die Kaisersemmel bescheidene Kaiser Franz Joseph I., genehmigte sich immer wieder kleine Auszeiten, um eines seiner zahlreichen Jagdschlösser aufzusuchen und auf die Pirsch zu gehen. Viel gepirscht wird er nicht haben, erlegt hat er immerhin 55 000 Stück Wild.

SESAMKUCHEN ALS DOPING FÜRS GEWEIH ___ Dass vor dieser Zeit keine ähnlich spektakulären Zahlen in die Weltjagdchronik geschrieben wurden, ist der mangelnden Schusswaffenqualität früherer Generationen zu verdanken. Dass es nach dem Krieg nicht so weiterging, wie es zuvor geübt wurde, lag an dem neuen Rollenbild, in das sich der Hochadel zu fügen hatte. Vielleicht auch an einem Zeitgeist, in dem derartige Perversionen als solche erkannt und geächtet wurden.

Wo absolute Macht und Schutz vor verständnislosen Beobachtern gegeben waren, lebte der Wahnsinn jedoch fort. Reichsmarschall Göring – auch Reichsjägermeister von eigenen Gnaden – unterhielt im ostpreußischen Rominten ein 250 000 ha großes, eingezäuntes Jagdrevier, in dem er kapitale Hirsche heranzüchten ließ. Das Mittel dazu war unter anderem eine mit Sesamkuchen angereicherte Diät, die man als geeignetes Stimulans für monströses Geweihwachstum erachtete.

Der Reichsjägermeister war durchaus erfolgreich und erlegte im September 1942 als Höhepunkt seiner fragwürdigen Jagdkarriere einen 22-Ender mit einem Geweihgewicht von 11,67 kg. Er verlieh dem Hirsch den Namen „Matador" und beanspruchte für das edle Tier, der stärkste auf deutscher Scholle erlegte Rothirsch zu sein.

REKORDE IM NEUEN BILD DER JAGD ___ Die Freude über jede erfolgreiche Jagd und hohe Punkte bei der Bewertung von Trophäen bleibt jedem unbenommen und schadet der guten Sache nicht. Das Verständnis des Weidwerks als Leistungssport passt aber nicht ins neue Bild der Jagd.

1903 kamen Kaiser Franz Joseph I. und Zar Nikolaus zwecks Abstimmung ihrer Balkanpolitik auf Schloss Mürzsteg zusammen. Von den Mühen der Politik erfrischte man sich bei Jagdausflügen. Der Zar erlegte siebzehn Gämsen.

Göttinnen und andere Jägerinnen

Die griechische und römische Mythologie zeigt, wie sich die Menschen am Ursprung der europäischen Kultur eine erfolgreiche Bewirtschaftung des Planeten vorstellten. Für jeden Zweck gab es im Olymp eine zuständige Gottheit, die auch mit den entsprechenden Talenten für ihre Aufgabe ausgestattet war. Frauen waren in dieser himmlischen Gesellschaft zwar vertreten (obwohl unter irdischen Bedingungen vom Wahlrecht ausgeschlossen), aber in der Minderheit. Das wichtige Jagdressort allerdings war dem Zuständigkeitsbereich von Damen zugeordnet: Artemis bei den Griechen, Diana bei den Römern.

FEINSINN STATT GEWALT ___ Und das mit gutem Grund. Die beiden waren nämlich auch für die Natur und den Mond zuständig, Diana zudem auch für Geburten. Die Göttinnen der Jagd waren also feinsinnige Wesen in einer großen Schar an Gewalttätern und Raubeinen. Feinsinn und Empathie wurden also auch schon von Griechen und Römern als essenzieller für die Jagd erkannt als Kraft an der Waffe.

Dass das Thema Jagd dennoch männlich konnotiert ist, mag einem (falschen) Bild von der Rollenverteilung in den Sippen der Frühmenschen geschuldet sein – Frauen sammeln, Männer jagen – oder den Gegebenheiten der jüngeren Vergangenheit. Dabei wird gern übersehen, dass mit Ausnahme weniger Perioden Frauen stets – wenn auch in geringer Zahl – in den Jagdgesellschaften vertreten waren. Aus der Geschichte sind Berühmtheiten wie Katharina von Medici und Kaiserin „Sisi" überliefert, die Zeitgeschichte kennt Queen Elizabeth II., deren Schwiegertochter Camilla Parker Bowles, die talentierte Gesangskünstlerin Madonna und die schöne Claudia Schiffer als Jagdscheininhaberinnen.

DER „FEMALE SHIFT" BRINGT FRAUEN INS REVIER ___ In der jüngsten Vergangenheit steigt der Frauenanteil in der Jägerschaft und bei Ausbildungskursen beständig und beträchtlich. Waren vor etwa zwanzig Jahren in Österreich noch lediglich ein Prozent der Jagdausübenden weiblichen Geschlechts, hält man bei Drucklegung dieses Buches bei etwa zehn Prozent. In den Vorbereitungskursen für die Jagdprüfung sind Frauen noch deutlich präsenter, indem sie zwanzig, dreißig oder mehr Prozent der teilnehmenden Personen stellen.

IMMER MEHR FRAUEN IM REVIER
Das zeigen z. B. statistische Daten aus Österreich: In den letzten fünf Jahren lag bei den Absolventen der Jagdprüfung der Anteil der Frauen bei 20 %.

Ursache dieser Entwicklung ist unter anderem ein Phänomen namens „Female Shift" – Frauen gehen heute selbstverständlich auch dorthin, wo früher Männer unter sich waren.

JÄGERINNEN IM NEUEN BILD DER JAGD ___ Damit müssen sich Männer abfinden: Frauen sind Männern bei zentralen sozialen und emotionalen Kompetenzen überlegen. Frauen gehen beispielsweise besonnener ans Werk als Männer und können sich selbst und ihre Leistungsfähigkeit besser einschätzen als Männer. Eigenschaften, die bei verantwortungsvollen und gelegentlich gefährlichen Tätigkeiten wie der Jagd sehr günstig sind. Möglicherweise sind Jägerinnen sogar die besseren Jäger ...

Die Trophäe: Medium der Erinnerung

Zahllos sind die Schlösser und Herrenhäuser, deren Wände reich mit Jagdtrophäen geschmückt sind. Und doch entwickelte sich die Wertschätzung der Jagdtrophäen erst in jüngerer Vergangenheit.

Jahrhunderte ging es der privilegierten Jagdgesellschaft um Masse statt Klasse. Die Größe der Jagdstrecke war das Maß des Jagderfolgs, nicht die Größe der Gehörne. Erst als Mitte des 19. Jahrhunderts auch Bürger zur Jagd zugelassen wurden und vor allem der Geldadel unter den Bürgern die Jagd als Prestigeangelegenheit für sich entdeckte, wurde die Trophäe für viele zur treibenden Kraft hinter den jagdlichen Aktivitäten. Nun ging es darum, das stärkere, das bessere, das exotischere Stück – und nicht mehr möglichst viel Wild in geringer Zeit – zu erlegen.

Das hatte Folgen. Zuerst brauchte man zur Objektivierung der Trophäenqualität Bewertungskriterien, weshalb Berechnungsformeln entwickelt wurden. Als Erster machte sich um diese Angelegenheit Graf Meran Ende des 19. Jahrhunderts verdienstvoll, seit den 1950er-Jahren erfolgt die Bewertung nach den Richtlinien des Internationalen Rats zur Erhaltung der Jagd und des Wildes (CIC). Sodann wollten erfolgreiche Jäger ihre Tüchtigkeit auch gewürdigt wissen, weshalb Trophäenschauen veranstaltet wurden. Die ersten offiziellen Jagdausstellungen fanden 1880 in Budapest und Graz statt, eher private Schaustellungen wird es wohl ab Mitte des 19. Jahrhunderts gegeben haben.

SCHONEN, FÜTTERN, SCHIESSEN ___ Derartige und sogar öffentliche Anerkennung verheißend, galt das Sehnen und Trachten vieler Weidmänner (Frauen waren in dieser Zeit in der krassen Minderheit) nur noch dem stärksten Bock, dem kapitalsten Hirsch und dem spektakulärsten Steinbock (wenn man sich's leisten konnte: auch dem Tiger, Elefanten und Büffel). Das führte zur Trophäenzucht, indem man gut veranlagtes Wild bis zur Ausprägung eines maximalen Gehörns schonte, das Wild speziell und üppig fütterte und sogar exotische Tiere einkreuzte, zum Beispiel Wapitis in Rotwildpopulationen. Der Erfolg dieser Maßnahmen war selten gegeben, die negativen Effekte häufig beträchtlich.

Negativ hat sich die Trophäenjagd auch auf das Image der Jägerschaft ausgewirkt, da das schlechte Beispiel einiger – zum Beispiel das Erlegen halbzahmer Tiere zwecks Trophäenernte – von einer nur rudimentär informierten Öffentlichkeit der gesamten Jägerschaft angelastet wurde.

DIE TROPHÄE IM NEUEN BILD DER JAGD ___ Zu Beginn der Neuzeit betrachtete man Trophäen vor allem als Erinnerungsstücke und vermerkte darauf alle jagdlich interessanten Daten. Fallweise wurden Jagdszenen auch gemalt, um diese Informationen festzuhalten. Was die Trophäe vor Hunderten Jahren war, sollte sie auch heute sein: Ein Mittel zur Dokumentation und Medium zur Erinnerung an eine erfolgreiche Jagd.

Mitte des 19. Jh. entdeckte der Geldadel die Jagd für sich. Eine der Triebfedern war die Erbeutung kapitaler Trophäen.

Jagdhund heute: bellen statt beißen

Hunde als Jagdhelfer kennt man schon deutlich mehr als zehntausend Jahre. Das beweisen neolithische Felsmalereien. Die Beschreibung dessen, was der Hund für den Menschen in dieser Zeit zu leisten hatte, würde Bände füllen.

Der Rassenreichtum des Haushunds ist vor allem auf die sehr differenzierte jagdliche Verwendung des Caniden zurückzuführen. Für die Jagd brauchte und züchtete man so unterschiedliche Wesen wie Stöberhunde, Hetzhunde, Spürhunde und Schweißhunde. Allein bei der Schwarzwildjagd wurden verschieden gebaute Hunde wie Saufinder, Saurüden und Saupacker eingesetzt, wobei Letztere die Wildsau oder den Keiler zu Boden bringen mussten, damit der Jäger das Wild mit der Saufeder abfangen konnte.

Neben Pferden und Knechten benötigte man für die hochherrschaftliche Jagd also sehr zahlreiche Hunde. Schon im 12. Jahrhundert wurde in Wien ein Rüdenhof eingerichtet, in dem 300 bis 400 Meutehunde gehalten wurden. Kaiser Maximilian I. soll deren 1500 unterhalten haben. Die Pflege der Hunde oblag Bauern und Bediensteten, die Ausbildung erfahrenen Jägern, der Besitz war dem Hochadel vorbehalten.

STÖBERN, SUCHEN, APPORTIEREN ___ Der Einsatzbereich heutiger Jagdhunde ist deutlich ungefährlicher als der ihrer Artgenossen in den dunkleren Zeiten der Jagdgeschichte. Man unterscheidet zwischen Stöberhunden, Vorstehhunden, Apportierhunden, Schweißhunden, Erdhunden (für das Heraustreiben von Füchsen aus den Bauen) und jagenden Hunden, die Wild aufstöbern und verfolgen sollen, bis es erlegt werden kann. Das Wild verletzen oder töten soll keines dieser Hilfsorgane moderner Jägerinnen und Jäger – bellen: ja, beißen: nein.

Aus ethischer Sicht kommt den Schweißhunden eine herausragende Bedeutung zu. Sie müssen in der Lage sein, verletztes Wild aufzuspüren, zu stellen und den Jäger oder der Jägerin anzuzeigen, wo sich das Stück befindet.

Neben dem angeborenen Talent braucht der Hund dafür eine umfangreiche Ausbildung, die drei oder mehr Jahre dauern kann. Danach jedoch verraten die Laute des Hundes dem Hundeführer oder der Hundeführerin, wie es um die Lage steht. Bellt der Hund in hohen Tönen – gibt er „Hatzlaut" –, verfolgt er das verletzte Wild. Bellt er in tiefer Tonlage, zeigt der Hund damit an, dass er das Wild gestellt hat. In diesem Fall muss die nachsuchende Person so schnell wie möglich an den betreffenden Ort gelangen, um das verletzte Wild zu erlösen.

LAUTSTARKE TODESANZEIGEN ___ Schließlich kann das Wild vom Schweißhund auch bereits tot aufgefunden werden. In diesem Fall wird ein fermer Jagdhund beim aufgefundenen Wild dem tiefen Bellen ein wolfsähnliches Heulen folgen lassen oder zum Menschen zurückkehren und durch seine aufgeregte Art anzeigen, dass ihm der Mensch folgen soll. Je nachdem bezeichnet man den Hund als „Totverbeller" oder „Todverweiser".

Noch erstaunlicher als diese Fähigkeiten ist der Umstand, dass der Schweißhund auch ganz ohne Schweiß (also Blut) zum verletzten Wild finden kann. Jedes „kranke" Wild hat eine spezielle Ausdünstung, die es über die Ballen an seinen Läufen abgibt – wodurch es eine sogenannte Krankfährte hinterlässt, die von der feinen Nase des Hundes aufgenommen werden kann.

DER HUND IM NEUEN BILD DER JAGD ___ Derart tüchtige Hunde sind in einer Zeit, in der sehr viele Wildtiere dem Straßenverkehr zum Opfer fallen, besonders wichtig. Im Sinne der Weidgerechtigkeit ist der Jagdhund daher auch heute noch unverzichtbar.

Wild aufspüren, anzeigen, finden – der ferme Hund kann's. Darum heißt es auch unter Jägern: Jagd ohne Hund ist Schund.

Vom Speer zum Leuchtpunkt und Ballistikturm

Der Anfang der Menschheitsgeschichte ist auch der Anfang der Jagdgeschichte. Nur war es in den frühen Jahren noch nicht ausgemacht, wer wen jagt. Menschen waren nicht nur Jäger, sondern ganz automatisch auch Gejagte – wobei die Menschenjäger über einen beträchtlichen Vorteil verfügten: die Waffen, die sie als Krallen und Zähne von der Natur mitbekommen hatten.

Die Menschen mussten sich Waffen erst Kraft ihres Geistes erschaffen: vom Faustkeil zum Messer, zum Schwert und zum Degen, von der Keule zur Schleuder und zum Bumerang, vom Messer zur Lanze, von der Lanze zum Speer, vom Bogen zur Armbrust bis zu den Feuerwaffen. Alle diese Waffen waren eigentlich nicht Jagdwaffen, sondern multifunktionelle Werkzeuge. Man rückte dem Wild also auch mit Schwert oder Degen zu Leibe.

JAGDWAFFEN-INVEST

Der Wert von Jagdwaffen liegt in ihrer Präzision und emotionalen Bedeutung für den Besitzer oder die Besitzerin. Als Wertanlagen mit großer Rendite eignen sie sich wenig.

SCHÖN UND INDIVIDUELL ___ In der jüngeren Vergangenheit hat sich die Produktion der Jagdwaffen von denen der Waffen für militärische Zwecke separiert. Wohl werden die von der Rüstungsindustrie gewonnenen technischen Erkenntnisse auch für die Entwicklung immer besserer Jagdwaffen genutzt, doch bestehen im ästhetischen Bereich an Jagdwaffen gänzlich andere Forderungen. Daher werden im Gegensatz zu Militärwaffen die Schäfte für Jagdgewehre nach wie vor sehr überwiegend aus schön gemasertem Holz gefertigt. Formgebungen und Verzierungen sind nicht ausschließlich der Funktionalität gestiftet, sondern sehr überwiegend auch der optischen Erscheinung der Jagdwaffe.

Hinzu kommt der Wunsch nach Individualisierung des Jagdgeräts, dem mit verschiedensten Handwerkstechniken – vom Ziselieren über das Gravieren bis zum Intarsieren – nachgekommen werden kann. Die Industrie erfüllt mittlerweile auch das Bedürfnis mancher Jägerinnen und Jäger nach personalisierten Patronen. Wie bei jeder Leidenschaft wird auch hier der Fantasie und dem Verlangen nur durch die Kosten die Grenze gesetzt.

DIE WAFFE IM NEUEN BILD DER JAGD ___ Dass hochpräzise Gewehre und Munition sowie moderne Technik bei den Zielvorrichtungen den Jagderfolg verbessern, ist weitestgehend unumstritten. Im Sinne der Weidgerechtigkeit sind also Investitionen in die Technik und das Wissen um die Funktion der Jagdwaffen prioritär.

Wer die Individualisierung der Jagdausrüstung auf die Spitze treiben will, kann sich auch personalisierte Munition beschaffen.

Das neue Bild der Jagd – eine Skizze des Zeitgeists

Wie nur wenige andere Kulturgüter umfasst die Jagd eine Vielfalt an Traditionen, deren Ursprung zum Teil tausend und mehr Jahre zurückliegt. Zahlreiche davon werden auch heute noch im Alltag des Jagdgeschehens lebendig gehalten, auch wenn ihr Nutzwert nicht mehr augenfällig ist. Damit ist die Jagd in positiver Art konservativ. Sie bewahrt das Erbe früherer Generationen.

Die Jagd entwickelt sich aber auch beständig weiter. Gerade in den letzten Jahrzehnten und der jüngsten Vergangenheit war das Bild der Jagd wieder einem beträchtlichen Wandel unterworfen. Der technische Fortschritt hat dazu einen wesentlichen Beitrag geleistet, sodass heutige Jäger und Jägerinnen über Waffen, Munition und optische Geräte verfügen, die ihnen eine hochpräzise Jagd und Wildbeobachtung gestatten.

Mit den technischen Möglichkeiten sind die Ansprüche der Jägerschaft an sich selbst gestiegen. Wurde der gelegentliche Fehlschuss früher noch als systemimmanent hingenommen, ist dergleichen für Jäger und Jägerinnen des aktuellen Zeitgeists Anlass für schonungslose Selbstkritik.

EIN STRUKTURELLER WANDEL ___ Wesentlicher noch als der technische Aspekt sind für den aktuellen Transformationsprozess der Jagd die strukturellen Veränderungen innerhalb der Jägerschaft. Neues, frisches Blut kommt in die Gemeinschaft der Jäger und Jägerinnen, indem sich zusehends Menschen mit urbanem Lebensmittelpunkt für die Jagd interessieren. In den Ausbildungskursen für den Erwerb des Jagdscheins und in Fortbildungskursen lässt sich in allen Bundesländern und Regionen auch beobachten, dass zahlreicher als je zuvor junge, gebildete, kritische Menschen zur Jagdgesellschaft strömen. Darunter vergleichsweise viele Frauen.

DIE BESINNUNG AUF DAS NAHE LIEGENDE ___ Geweckt durch einen Alltag, der zusehends von Zeitdruck, Kommunikationszwang und nicht mehr begreifbaren Prozessen auf der Metaebene eines globalen Wirtschaftsgeschehens geprägt ist, wird der Wunsch nach intensiver Auseinandersetzung mit der Natur, nach der Beschäftigung mit dem Überschaubaren, nach dem Rückzug in das nahe Liegende – kurz: nach Authentizität – virulent. Dieser Wunsch weckt Interesse am ländlichen Leben, an der Tier- und Pflanzenwelt in freier Natur und dem eigenen Garten, an Brauchtum, Volkskunst und an der Jagd.

ANWALTSCHAFT FÜR DIE WILDTIERPOPULATIONEN ___ Nicht nur die jungen Jägerinnen und Jäger legen heute andere Maßstäbe an ihr jagdliches Tun als Jägerinnen und Jäger früherer Generationen. Sehr überwiegend wird die Jagd heute nicht mehr nur reduziert auf die Hege und Ernte des Wildbrets verstanden, sondern vielmehr als Methode und Mission zur Erhaltung der Wildtierpopulationen im Zusammenspiel mit Wildökologie und Wildökonomie. Dass sich die Jägerschaft damit mehr als je zuvor als Anwalt bedrängter Wildtiere sieht, ist die logische Folge.

DER JAGA

Behutsamkeit und Zurückhaltung sind bei der Bewegung im Revier erste Pflicht. Bei der Jagd und Wildbeobachtung bleibt der Mensch für die Tiere am besten unsichtbar. Wenn ihm das gelingt, kann er sehr viel über das individuelle Verhalten und den Wildbestand erfahren.

Christoph Burgstaller und sein Hund

Christoph Burgstaller ist Jäger. Das ist keine unwahrscheinliche Passion für einen, der mit der Landwirtschaft aufgewachsen ist. Doch Christoph Burgstaller ist mehr als einer, der immer wieder auf die Jagd geht. Er ist Berufsjäger, Ausbilder für Jäger, Pirschführer, kundige Person für die Beurteilung von Wild und Wildtierfotograf. Damit befasst er sich gründlicher und vielseitiger mit Wildtieren, als das den allermeisten Jägerinnen und Jägern möglich ist, gelangt an abgelegene und ausgesetzte Orte, zu denen kein Wanderweg führt und entwickelt eine Vertrautheit mit den Wildtieren und ihrer Lebensart, die auch auf seine Lebensart abgefärbt hat.

Sein Interesse am Wild und zum Leben im Revier entwickelte Christoph Burgstaller spät. Seine Liebe zur Natur war immer schon da. Mit den wachsenden Kenntnissen über das Wesen der Wildtiere, ihr Leben, ihr Sozialverhalten, ihre Eigenarten, ihre Sinnesfähigkeiten und ihre körperlichen Möglichkeiten wurde für Christoph Burgstaller aus einer Neigung Leidenschaft und aus dieser ein zentraler Lebenszweck. So gibt es nur wenige Tage im Jahr, an denen er sich nicht mit Wild beschäftigt. Die Jagd ist dabei ein wichtiger Aspekt, aber bei Weitem nicht der alles bestimmende. Die Profession des Jägers versteht Christoph Burgstaller als Berufung mit einer Vielzahl an Aufgaben und einer großen Verantwortung für das Wild und seinen Lebensraum.

Egon ist ein Hannoverscher Schweißhund. Bei Drucklegung dieses Buches war er knapp ein Jahr alt. Im Burgenland wurde er in eine Großfamilie mit nicht weniger als elf Welpen hineingeboren. Ob Egon von der Geschwisterschar das älteste oder das jüngste ist, lässt sich bei Hunden nicht leicht feststellen und ist auch nicht gar so interessant. Wichtig ist aber, dass Egons Eltern und Großeltern über besonders feine Sinne verfügen – und sehr wahrscheinlich war das auch bei seinen Ur- und Urur- und so weiter -großeltern der Fall. Das qualifiziert Egon für die Bestimmung als Jagdhund.

Dafür wird er soeben von Christoph Burgstaller ausgebildet. Bis er alles kann und zuverlässig ausführt, was ein fermer Jagdhund im Repertoire haben soll, werden wohl noch zwei, drei Jahre ins Land ziehen. Zur Zeit geht wenig weiter, weil sich Egon in der Pubertät befindet. In dieser Entwicklungsphase verhalten sich auch Hunde gern ein wenig trotzig und haben „null Bock" auf Unterricht und Pflichterfüllung. Realen Bock im Revier findet Egon aktuell viel interessanter, als sich über die Theorie einen Kopf zu machen.

„Wir sollten in der Natur lassen, was dort hingehört. Deshalb zerwirke ich das erlegte Wild wann immer möglich im Revier, schaffe damit Wildbret für die Küche und lasse den Rest dem Adler, den Raben, den Füchsen und allen anderen, die sich sonst noch im Revier von Fallwild ernähren."

EGON
Schweißhund in Ausbildung, von der Natur mit hochsensiblem Geruchsorgan ausgestattet, allerdings auch mit Eigensinn. Den muss er sich noch ein wenig abgewöhnen.

DIE WILD GATTUNGEN

Nicht alles, was sich wild lebend in den Revieren herumtreibt, ist jagdbares Wild. Das Weidwerk bewegt sich in den engen Grenzen des Gesetzes, das bestimmt, welche Tiere erlegt werden dürfen und welche erlegt werden müssen.

So unterschiedlich wie die jagdbaren Tiere sind auch die Jagdmethoden – von der Gesellschaftsjagd auf schnelles Niederwild bis zum nächtlichen Ansitz auf das Schwarzwild.

Der Inhalt

RAUFUSS HÜHNER

Ein Auerhahn bei seinem Balzgesang, der sehr komplex ist, dem Jäger oder der Jägerin und Beobachtern aber auch gestattet, dem scheuen Vogel näherzukommen.

Diese Wildgattung lebt nicht nur auf rauem Fuß, sondern überwiegend auch in rauem Klima. Die Natur hat die Tiere dafür ausgestattet. Das Birkhuhn zum Beispiel lässt sich einschneien, wenn ihm das Wetter zu unfreundlich wird, und ernährt sich aus einem Nadelvorrat in seinem Kropf.

GEWICHT UND GRÖSSE
Auerhahn: etwa 4,5 kg, maximal 6 kg
Auerhenne: etwa 1,5 kg
Birkhuhn: 1 bis 1,5 kg
Birkhenne: etwa 1 kg
Haselhühner: 300 bis 500 g

VERMEHRUNG
Auerhühner: 5 bis 12 Küken vulgo „Zirperl"
Birkhühner: 7 bis 10 Küken
Haselhühner: 7 bis 11 Küken

BRUTZEIT
Auerhühner: Mai bis Juni
Birkhühner: Mai bis Juni
Haselhühner: Mai bis Juni

LEBENSERWARTUNG
Auerhühner: bis zu 12 Jahre
Birkhühner: bis zu 10 Jahre
Haselhühner: bis zu 10 Jahre

JAGDERFOLG IN ÖSTERREICH (2017)
Auerhuhn: 289 Hähne
Birkhuhn: 1476 Hähne
Haselhuhn: 123 Hähne

VERFÜGBARKEIT DES FRISCHEN WILDBRETS
Auerhahn: Mai
Birkhahn: Mai bis Juni
Haselhuhn: September bis Oktober

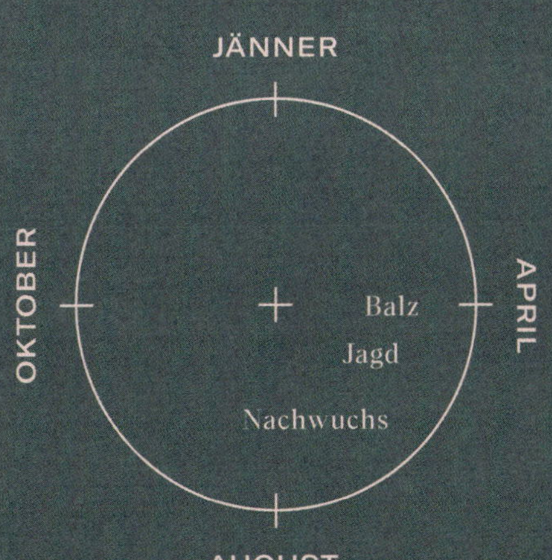

LEBENSRAUM ___ Eine höchst spezielle Gruppe jagdbaren Wildes sind die Raufußhühner, zu der Auerhühner, Birkhühner, Haselhühner und die für die Jagd recht unbedeutenden Schneehühner gehören. Speziell sind diese Vögel vor allem auch, weil sie **sehr selten** geworden sind und in Österreich eines von wenigen Habitaten haben, in denen sich die Populationen stabil erhalten können und demnach eine Jagd auf Raufußhühner unter strenger **Limitierung der Abschusszahlen** ökologisch vertretbar und sinnvoll ist. In den meisten anderen Ländern mit Vorkommen von Raufußhühnern müssen diese ausnahmslos geschützt werden, um die Art zu erhalten.

Der Lebensraum der Auerhühner ist in **kühlen Regionen Europas** und Asiens. In verschiedenen Unterarten sind sie in Skandinavien und Weißrussland, in den baltischen Staaten, den höheren Breiten Russlands bis tief nach Sibirien im Osten heimisch.

DAS AUERWILD ___ Unter den Raufußhühnern ist das Auerhuhn mit einem Gewicht von bis zu 6 kg bei den Hähnen das spektakulärste. In Mittel- und Südosteuropa ist es vorwiegend in den Alpen heimisch, aber auch im deutschen Mittelgebirge, in den Vogesen, den Pyrenäen, am Balkan und stellenweise in Rumänien und Bulgarien vertreten. Im schottischen Hochland gibt es Populationen und recht überraschend auch auf dem heiligen Berg Athos, dem östlichen Finger der griechischen Halbinsel Chalkidike.

Trotz dieses weit ausgreifenden Habitats sind Auerhühner höchst seltene Vögel, denn sie stellen an ihren Lebensraum hohe Ansprüche. Um zumindest stabil bleiben zu können, benötigt eine Auerhuhnpopulation nicht weniger als 50 000 ha geeigneten Lebensraum. Geeignet sind strukturierte Nadelwaldgebiete mit reichlich Altholzbeständen, lichten Wäldern und einer Beeren-Krautschicht. In den Alpen sind diese Bedingungen etwa 100 bis 200 Meter unter der Waldgrenze gegeben.

Weiters benötigen Auerhühner vor allem **Ruhe.** Jeder Eingriff in ihren Lebensraum – etwa durch forstwirtschaftliche Aktivitäten, die Errichtung von Aufstiegshilfen für den Tourismus, den Bau von Stromtrassen oder Straßen – verursacht den sensiblen Vögeln enormen Stress, was bis zum Aussterben der Population führen kann.

Da Ruhe im dicht besiedelten und dem Tourismus weitgehend erschlossenen Zentraleuropa eher Mangelware ist, gelten Auerhühner an den meisten ihrer Standorte in Europa als gefährdete Spezies und stehen unter Schutz. In Deutschland existieren nur noch ein paar wenige, isolierte Populationen, die ausnahmslos nicht bejagt werden dürfen. Auch in der Schweiz, Italien und in Liechtenstein muss wegen der geringen Zahl noch vorhandener Tiere von der Jagd Abstand genommen werden.

Einzig Österreich verfügt im Alpenraum über eine ansehnliche Population an Auerhühnern. Hier findet auch ein **genetischer Aus-**

„Den Hahn anspringen" ist eine Übung, zu der nur wenige Jägerinnen und Jäger Gelegenheit haben. Auerhähne sind überaus seltenes Wild, das nur in wenigen Regionen und nur sehr geringen Stückzahlen erlegt werden darf.

tausch zwischen einzelnen Populationen statt. Unter der Voraussetzung, dass in die Lebensräume der Auerhühner nicht eingegriffen wird, kann die Erhaltung der Art in Österreich also als gewährleistet betrachtet werden. Aktuell sind in Österreich stabile bis steigende Bestände zu verzeichnen. Maßgeblich beteiligt an dieser günstigen Entwicklung war der steirische Förster Helmut Fladenhofer, der sein Wissen um den Lebensraum und die Bestandspflege der Auerhühner im Rahmen zahlreicher Exkursionen von Vorarlberg bis in den Osten Österreichs weitergegeben hat und viele Jägerinnen und Jäger für die Auseinandersetzung mit dieser Wildgattung begeistern konnte.

Abgesehen von den Auswirkungen menschlicher Eingriffe in die Natur stehen die Populationen der **Auerhühner durch Beutegreifer unter Druck.** Auerhühner sind wie alle Hühner Bodenbrüter, weshalb die Gelege und Küken den Nachstellungen von Marder, Fuchs, Wiesel und dergleichen ausgesetzt sind. Dieses „Raubzeug" hat von der Erschließung weiter Landstriche durch den Menschen eher profitiert als darunter gelitten – für die Auerhühner ist das eine ungünstige Entwicklung.

Bei der Erhaltung der Auerhühner kommt der Jägerschaft eine besonders wichtige Rolle zu. Unkommentiert mag das vielleicht widersinnig klingen, zählen doch Auerhähne in Österreich zum jagdbaren Wild und werden – wenn auch in bescheidenen Stückzahlen – regelmäßig erlegt. Allerdings gehen Jägerinnen und Jäger – denen aus Gründen des Naturschutzes, aber auch wegen der Jagdmöglichkeit auf den Auerhahn die Erhaltung der Art in ihrem Revier ein großes Anliegen sein muss – der Bejagung von Beutegreifern besonders intensiv nach.

Auch das Wissen der Jägerschaft um die Standorte des Auerwilds und die Stärke der Populationen ist unverzichtbar, wenn bei Raumordnungsfragen der Schutz der Auerhühner gegen andere Interessen durchgesetzt werden muss. Über dieses Wissen verfügen in aller Regel nur Jägerinnen und Jäger, die das Wild über viele Jahre beobachten.

STREICHEN
Das ist die Art des Auerwilds, sich im gleitenden Flug durch die lichten Bergwälder zu ihren Schlaf- und Balzplätzen zu bewegen.

LEBENSART ___ Auerhühner sind nicht nur seltene, sie sind auch seltsame Vögel. Das zeigt sich vor allem bei der Balz, die meist Ende April, Anfang Mai stattfindet. Wer das Glück hat, die Auerhahnbalz beobachten zu können, wird ein höchst ungewöhnliches Schau- und Singspiel miterleben.

Das Prozedere der Balz beginnt schon einige Wochen vor der Paarung. Anfang bis Mitte April besetzen die Auerhähne Schlafbäume am Rande von Wiesen oder Lichtungen, die Jahr für Jahr als Balzplätze dienen. Damit unterbrechen sie ihre gewohnte, von den Hennen getrennte Lebensweise. Die Hähne fliegen – → streichen – abends auf ihre Schlafbäume und verrichten dort ein sogenanntes → Abendgebet. Dieses umfasst vier Balzstrophen, die man „glöckeln", „trillern", „Hauptschlag" und „schleifen" nennt. Nach Einbruch der Dunkelheit schlafen die Hähne ein, um morgens etwa eine halbe Stunde vor den Singvögeln zu erwachen und Gefiederpflege zu betreiben. Danach kann der Beobachter wieder ein leises Glöckeln hören, das in das Trillern, den Hauptschlag und das Schleifen übergeht. Der Jäger sagt dann, „der Hahn hat sich eingespielt".

Um den 20. April treffen in den Alpenrevieren zumeist die ersten Hennen auf den Balzplätzen ein. Deren Gesang ist weit weniger strukturiert als der der Hähne. Auerhennen gackern ähnlich wie Haushühner. Davon animiert, streichen die Hähne zu Boden, um die Hennen mit bis zu zehn Meter weiten Flattersprüngen zu beeindrucken und zu versuchen, das Zentrum des Balzplatzes zu besetzen. Dieser Abschnitt der Balz dient der Ermittlung des Alphahahns und dauert zwei bis drei Tage. Die Auerhennen beobachten das Spiel mit Interesse. Sobald klar ist, welcher der Hähne die Mitte des Platzes behaupten kann, bemühen sich die Hennen um genau diesen Hahn und lassen sich ausschließlich von diesem „treten", also befruchten.

Unter der Annahme, dass der stärkste Hahn die besten Gene weitergibt, macht die Ausrichtung auf ein einziges Vatertier innerhalb der Population auch Sinn.

Etwa drei Tage nach der Befruchtung legen Auerhennen fünf bis zwölf Eier und bebrüten diese ca. vier Wochen. Meist schlüpfen alle Jungtiere. Die Küken müssen noch bis zu zwei Wochen von der Henne intensiv gewärmt werden und brauchen im ersten Lebensabschnitt viel tierisches Eiweiß, wofür die Hennen ihre Jungen zu Ameisenhaufen und anderen Stellen mit vielen Insekten führen.

ABENDGEBET

So nennen Auerwildexperten den Gesang des Auerhahns, bevor er sich zur Ruhe begibt. Das „Gebet" hat vier Strophen, und wenn der Hahn diese gefällig vorträgt, sagt man, „er hat sich eingespielt".

Bei der Balz der Auerhähne geht es um die Ermittlung des „Alphatiers". Nur von diesem lassen sich die Hennen „treten".

Zeigen, was man hat: Auch mit einem imposanten Schwanzgefieder will der Auerhahn die Hennen beeindrucken.

Herrscht in den Wochen nach dem Schlüpfen der Brut Schlechtwetter, ist das Wärmen aller Küken für die Hennen schwierig und sind auch Insekten schwer erreichbar. Es kommt daher bei ungünstiger Witterung schon in den ersten Lebenswochen der Jungvögel zu erheblichen Ausfällen. Bis in den Herbst überleben von den durchschnittlich acht geschlüpften Küken pro Henne nur zwei bis drei.

Später ernähren sich Auerhühner hauptsächlich von Heidel-, Preisel- und Brombeeren sowie von Gräsern, Knospen und Samen. Im Winter besteht die Nahrung überwiegend aus Fichten- und Tannennadeln.

Um Auerhühner und speziell die Balz beobachten zu können, bedarf es hervorragender Kenntnisse der lokalen Population, denn die Siedlungsdichte der Auerhühner ist von Natur aus (und nicht nur unter den Umständen ausgreifender Kulturlandschaft) äußerst gering: Auf 100 ha Auerhuhnrevier kommen durchschnittlich nicht mehr als vier Individuen der Art.

BEOBACHTUNG UND BEJAGUNG ___ So wird die Beobachtung der Auerhühner erfahrenen Jägerinnen und Jägern und anderen naturkundlich geschulten Personen vorbehalten bleiben. Umso mehr, als Auerhühner sehr leicht zu vergrämen sind. Tritt bei der Balz eine Störung auf, verlassen die Hennen nicht selten den Platz und bleiben dann in diesem Jahr unbefruchtet – mit fallweise fatalen Folgen für die Population.

Bei der Begegnung mit Auerwild ist also **höchste Vorsicht geboten.** Dennoch kann man an Hähne bis auf wenige Meter herankommen. Das ermöglicht ein Umstand, der im Verlauf des Balzgesangs eintritt: Während des Schleifens hebt der Hahn den Kopf bis zum überstreckten Nacken. Anatomisch bedingt schließen sich dabei Augen und Gehörgänge. In diesen Sekunden können Auerhähne weder sehen noch hören und bieten der Jägerin oder dem Jäger die Gelegenheit zur Annäherung – sie können „den Hahn anspringen".

Dieses ist eine Möglichkeit der Bejagung von Auerhähnen. Eine zweite besteht durch Ansitz im Schirm. Naturgemäß werden auch in Österreich nur sehr wenige Auerhähne für die Jagd freigegeben, Auerhennen sind ausnahmslos geschützt. Die Bejagung hat während der Frühlingsbalz zu erfolgen, weil dabei erkennbar ist, welcher Hahn zum Alphahahn avanciert und sich für das Vererbungsgeschäft qualifiziert. Auch dieser Hahn darf keinesfalls erlegt werden. Die Maxime bei der seltenen Bejagung des Auerhahns lautet: Keinen spürbaren Einfluss auf das Zusammenleben der Population ausüben. Auch wenn in manchen Revieren Österreichs der passable Auerwildbestand die Jagd erlaubt, handelt es sich immer noch um eine Gattung, die höchste Aufmerksamkeit und Zurückhaltung erfordert.

Auerhennen sind wählerisch: Nur jener Hahn, der aus der Balz als dominantester hervorgeht, kommt als Befruchter ihres Geleges infrage. Für Jäger ist dieser Alphahahn absolut tabu.

DAS BIRKHUHN — Dieser heute seltene Vogel war ursprünglich in Mitteleuropa in Gebirgsregionen ebenso wie in Moorlandschaften recht zahlreich heimisch. Mit den Trockenlegungen der Moore ist das Birkhuhn allerdings aus zahlreichen Regionen verschwunden und kommt nun nur noch im skandinavischen Raum und in Russland in Mooren der Niederungen und in Hochmooren in starken Populationen vor.

In den Alpen lebt das Birkhuhn oberhalb der Waldgrenze bis hinauf zur Baumgrenze. Es bevorzugt offene Landschaften und nimmt daher **auch gerne Skipisten als Lebensraum** an. Das Birkhuhn hat sich in manchen Gebieten an die Skigebiete so gut angepasst, dass man fallweise Birkhähne beim Balzen auf Liftseilen beobachten kann. Die Erschließung von Wintersportrevieren durch Aufstiegshilfen hatte und hat für Birkhühner aber auch Nachteile. In der Vergangenheit waren tiefliegende und dünne Seile von Schleppliften häufig tödliche Fallen für die Vögel. Durch die Umrüstung auf hohe Stützen und dickere Seile ist diese Gefahr großteils gebannt. Die Naturnutzer im Sommer- und Wintertourismus hinterlassen auch Speisereste auf den Bergen, was Füchse und Marder und damit **vermehrt Fressfeinde in die Lebensräume** von Birkhühnern führt.

Zum Schlafen nutzt das Birkwild überwiegend Lärchen, Fichten und Zirben. Tagsüber findet man es am Boden bei der Nahrungssuche, wobei es Heidelbeeren, Preiselbeeren, Samen, Gräser und Knospen bevorzugt. Im Winter ernährt es sich wie das Auerhuhn von Nadeln. Wenn es im Winter stark schneit und Starkwind das Ausharren auf Bäumen unmöglich macht, setzt sich das Birkhuhn an südöstlich gelegene Hänge und **lässt sich einschneien.** So ist es gut isoliert und vor Wind und Wetter geschützt. Für die Ernährung in derartigen Extremsituationen hat die Natur es mit einer Besonderheit ausgestattet: einem Kropf, den das Birkhuhn mit einem „Proviant" an Nadeln füllt. Dieser Kropf ist größer als der Magen des Birkhuhns. So können Birkhühner mehrere Tage in Schneehöhlen ausharren.

Mit der Kenntnis dieser Besonderheit sind fallweise auch die Standorte von Birkhühnern von Experten und aufmerksamen Wanderern gut festzustellen. Nach der Schneeschmelze finden kundige Personen wie Jägerinnen und Jäger oft Mulden an südostwärts gerichteten Hängen, in denen reichlich Losung von Birkhühnern liegt. Dies weist dann eindeutig darauf hin, dass an diesen Orten Birkhühner im Schnee biwakiert haben. Will man die Birkwildpopulation in den betreffenden Regionen erhalten, sollte dort keinesfalls weitere touristische Erschließung vorgenommen werden.

LEBENSART ___ Diese Spezies lebt das Jahr über nach Geschlechtern getrennt. Lediglich in der Balz treffen Hähne und Hennen auf den über Jahre hinweg gleichen Balzplätzen zusammen. Die Hauptbalz – die Zeit, in der die Hennen getreten werden – findet meist Mitte Mai statt. Man hört aber bereits ab Anfang April die Hähne mit lautstarken, zischenden und grudelnden Balzgesängen um die Hennen werben. Der Ablauf der Balz ist ähnlich dem beim Auerwild mit dem Unterschied, dass Birkhähne meist einige Hundert Meter entfernt vom Balzplatz ihre Schlafbäume haben und mit Anbruch der Morgendämmerung auf die Freiflächen der Almgebiete einfallen. Meist suchen sie sich dafür erhöhte Stellen aus, um für die Hennen präsent zu sein. Beim Birkhuhn **kommt es häufig zu einer „Arenabalz"**, bei der mehrere Hähne auf kleinstem Raum um die Hennen konkurrieren. Meist ist der ranghöchste Hahn in der Mitte zu finden. Die Hennen suchen diesen auf und lassen sich von ihm treten. Die Henne hat ihr Nest meist gut versteckt in Latschen oder Zwergsträuchern. Nach etwa 28 Tagen Brutzeit kommen die Jungen zur Welt. Anfangs benötigen die Küken der Birkhühner reichlich tierisches Eiweiß, im fortgeschrittenen Alter ernähren sich Birkhühner zur Gänze pflanzlich.

ARENA
Das ist der Ort, an dem Birkhähne den stärksten ihrer Art ermitteln. Zumeist handelt es sich um erhöhte Orte in der Almregion.

BEJAGUNG ___ Die Schusszeit beim Birkuhn ist in den Bundesländern verschieden, jedoch meist von Anfang Mai bis Mitte Juni. Die Freigabe von Abschüssen erfolgt nach den gleichen Kriterien wie beim Auerhahn. **Birkhennen sind also gänzlich geschont.** Der Birkhahn wird meist aus einem Schirm heraus mit Kugel oder Schrot bejagt. Da die Balzplätze oft über Jahrzehnte dieselben sind, werden im Frühjahr an geeigneten Stellen mit Astmaterial verblendete Ansitzeinrichtungen geschaffen, aus denen die Birkhähne gut zu beobachten und zu bejagen sind.

DAS HASELHUHN ___ In weitaus geringerem Maß als Birkhähne und sogar weniger extensiv als Auerhähne werden in Österreich die männlichen Vertreter des Haselhuhns erlegt. Das Haselhuhn ist neben dem Schneehuhn der kleinste Vertreter der Raufußhühner und in Gebirgen und Mittelgebirgen der kühleren Regionen hauptsächlich verbreitet, es kommt aber auch am Balkan vor. In Österreich liegen die Verbreitungsschwerpunkte in Kärnten und Oberösterreich.

Wie bei kaum einem anderen jagdbaren Wildtier **ist eine Bestandserhebung der Haselhühner schwierig,** da dieses kleine Waldhuhn außerordentlich scheu und gut getarnt ist. In der Jagdszene wird es deshalb auch als „Waldgeist" bezeichnet: Ein Wesen, das zwar vorhanden ist, aber so gut wie unsichtbar bleibt.

Da das Haselwild weder vom Jagderfolg her noch aus wirtschaftlicher Perspektive besonders attraktiv ist, widmen sich nur sehr speziell interessierte Jägerinnen und Jäger sowie wissenschaftlich tätige Personen seiner Beobachtung hingebungsvoll. Und noch ein Grund macht das Haselhuhn zu dem am wenigsten beachteten aller jagdbaren Wildtiere: Es vollführt seine Balz ziemlich zeitgleich zur Hirschbrunft. Dadurch erwächst ihm ein besonderer Schutz, da in vielen Revieren zur Brunftzeit ausschließlich auf Hirsche gejagt wird , um eben diesen Jagderfolg sicherzustellen.

Als Lebensraum benötigen Haselhühner abwechslungsreiche Wälder mit Freiflächen, Unterholz und Totholz. Diese Bedingungen sind nur dort gegeben, wo der Wald als Ressource für die Holzgewinnung zurückhaltend genutzt wird. Da Haselhühner schlechte Flieger sind, überwinden sie ungern freie Zonen von mehr als hundert Meter Ausdehnung. Demzufolge sind die Vertreter dieser **Wildgattung ausgesprochen standorttreu.** Im Sommer ernähren sich Haselhühner von Blättern, Kräutern und Kleintieren am Boden, im Winter nehmen sie bevorzugt Knospen von Birke, Erle und Haselstrauch.

Im Gegensatz zu Auerwild und Birkwild **leben Haselhähne monogam.** Nach der Herbstbalz bleiben die Paare oft über den Winter zusammen, die Befruchtung erfolgt nach der Frühlingsbalz. Wie auch die anderen Raufußhühner sind Haselhühner durch das Auftreten von marderartigen Fressfeinden bedroht, zudem noch erheblich durch Greifvögel.

Die Keule eines Rebhuhns. Seltenes Wild wird nicht erlegt, um den Wünschen der Gastronomie gerecht zu werden. Aber wenn das Wildbret verfügbar ist, soll es bestmöglich veredelt und verwertet werden.

BEJAGUNG ___ Wegen der Seltenheit dieser Spezies wird die Jagd auf das Haselwild äußerst zurückhaltend und nur wenige Wochen im Herbst ausgeübt.

STOCK ENTE

Der Erpel hebt ab. Stockenten sind vorzügliche Schwimmer und Flieger. Letzteres macht es für Jägerinnen und Jäger gar nicht leicht, einen sicheren Schuss anzubringen.

Stockenten sind überaus talentiert in der Anpassung an verschiedene Lebensräume. Für Laien ist es kaum zu glauben: Die in zahlreichen Parks und Gärten heimischen Enten sind jagdbares Wild und werden in beträchtlicher Zahl erlegt.

GEWICHT UND GRÖSSE
Stockerpel: 1 bis 1,5 kg
Stockente: 0,75 bis 1 kg

VERMEHRUNG
7 bis 16 Küken

BRUTZEIT
April bis Mai

LEBENSERWARTUNG
bis 10 Jahre

JAGDERFOLG IN ÖSTERREICH (2017)
Gesamt: 50 810 Stück

VERFÜGBARKEIT DES FRISCHEN WILDBRETS
August bis Dezember

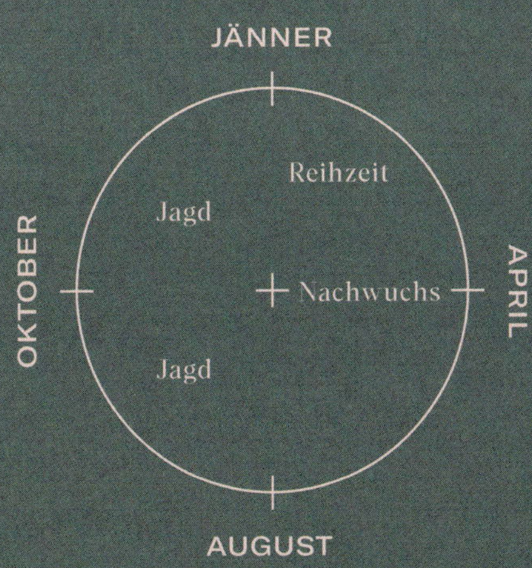

Stockente

Der Unterschied zwischen Wildgeflügel und Zuchtgeflügel ist beträchtlich – in der Textur und im Geschmack. Wildbret bringt einfach mehr.

TIERKUNDLICHES UND LEBENSART ___ Enten hat die Natur in fast unüberschaubarer Vielfalt und durchaus unterschiedlicher Gestalt hervorgebracht. So zählen die zierlichen Mandarinenten ebenso zur Familie wie der wehrhafte Höckerschwan.

Besondere Bedeutung kommt unter den Entenvögeln der Stockente zu. **Von dieser stammen genetisch alle „Hausenten" ab**, und Stockenten sind auf allen Kontinenten vertreten. Weiters handelt es sich bei Stockenten um die größten und häufigsten Schwimmenten in Europa und damit neben dem Fasan um das mit Abstand interessanteste Federwild.

Die große Verbreitung der Stockenten ist auf ihre Genügsamkeit zurückzuführen. Man kann sie fast überall antreffen, wo Wasserflächen zur Verfügung stehen, in Österreich also vom Neusiedlersee bis zum Bodensee. Auch an Bächen in Gebirgstälern kann man im Sommer Stockenten beobachten. Entscheidend für das Vorkommen ist allein die Frage, ob im Winter eisfreie Stellen zur Verfügung stehen.

Bei der Stockente findet bereits in den Herbstmonaten die Paarbildung statt, die Erpel verteidigen dabei energisch ihre Ente gegen andere Erpel. Ente und Erpel bilden bis zur Paarungszeit – der sogenannten Reihzeit – im April eine saisonale Partnerschaft, die mit der Brut endet. Die Gelege mit bis zu 16 Eiern werden sehr überwiegend am Boden eingerichtet, gelegentlich nutzen Stockenten auch hohle Bäume – „Stöcke" – für ihre Nester.

Auffällig bei Stockenten ist die sogenannte Sturzmauser im Sommer. Dabei entledigen sie sich zahlreicher Federn gleichzeitig und sind danach für einige Wochen flugunfähig. Als Schwimmvögel können sich Enten diese Eigenart leisten, da sie **in der flugunfähigen Phase auf Wasserflächen** vor Füchsen und anderen Fressfeinden Schutz finden.

Erpel sehen in der Mauser sehr unscheinbar aus und ähneln vom Gefieder den Enten. Man sagt, „die Erpel befinden sich im „Schlichtkleid". Ist die Mauser im September abgeschlossen, erstrahlen Erpel wieder im Prachtkleid. Typisch für das Gefieder der Stockenten-Erpel sind die gelockten Hakenfedern am Pürzel. Diese stecken sich Jägerinnen und Jäger nach der Erlegung gern auf den Hut.

BEJAGUNG ___ Auch die Jagd der Stockenten unterliegt klaren Regeln. So dürfen die Vögel keinesfalls erlegt werden, wenn sie auf dem Boden oder der Wasserfläche sind. Die Jagd wird üblicherweise am Morgen oder Abend ausgeübt, wenn die Enten einfallen oder vom Wasser abheben. Jedenfalls sind **für die Entenjagd gut ausgebildete – ferme – Jagdhunde erforderlich,** denn wenn Enten nach der Erlegung ins Wasser fallen, müssen diese vom Hund apportiert werden. Eine weitere Jagdmöglichkeit besteht darin, den Hund in den Bewuchs am Uferrand zu schicken, um die Enten aufzustöbern und zum Auffliegen zu veranlassen.

Stockente

JAGD
FASAN

Ein Ringfasan, leicht zu erkennen an seinem weißen Federkragen um den Hals.

Fasanhähne bringen exotische Farben auf die Wiesen und Felder unserer Reviere. Neben den Enten sind Fasane das attraktivste Federwild für die Jagd in Europa.

GEWICHT UND GRÖSSE
Hahn: 1 bis 1,2 kg
Henne: etwa 1 kg

VERMEHRUNG
4 bis 10 Küken

BRUTZEIT
April

LEBENSERWARTUNG
5 bis 7 Jahre

JAGDERFOLG IN ÖSTERREICH (2017)
Gesamt: 50 775 Stück

VERFÜGBARKEIT DES FRISCHEN WILDBRETS
Oktober bis Dezember

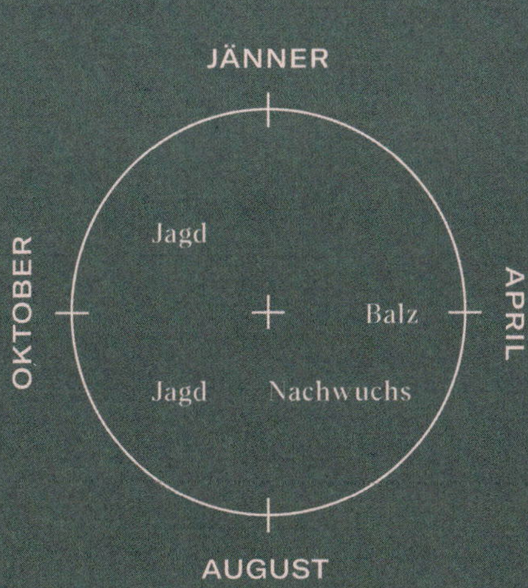

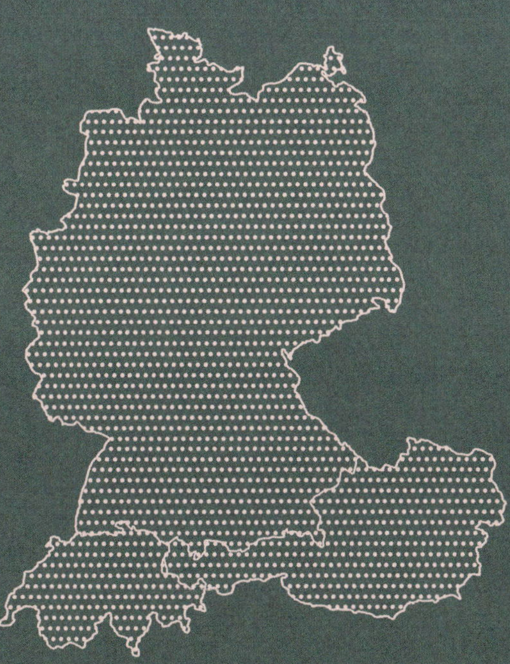

TIERKUNDLICHES ___ Fasane zählen zu den Hühnervögeln, und wie bei allen Gattungen dieser Art unterscheiden sich die männlichen von den weiblichen Exemplaren im Federkleid ganz erheblich. Fasanhähne sind bunt gefiedert und geradezu prachtvoll, während die Hennen ein eher unscheinbares Federkleid tragen.

Was aus modisch-repräsentativem Blickwinkel wie eine Benachteiligung des weiblichen Geschlechts wirkt, ist de facto wesentlich für die Erhaltung der Art. **Hühnervögel sind Bodenbrüter,** und wer am Boden mit seiner Brut überleben will, sollte nicht zu auffällig gekleidet sein. Fasanhennen sind wie beim Auer- und Birkwild graubraun und gesprenkelt und damit der Landschaft gut getarnt angepasst.

Fasane kennen wir in 33 Arten. Vergleichsweise wenige davon sind bei uns als jagdbares Wild anzutreffen. Vor allem sind dies der sogenannte Jagdfasan – genauer, der Böhmische Kupferfasan – und der Ringfasan, der an einem weißen Gefiederring um den Hals deutlich zu erkennen ist. Ersterer nächtigt in der warmen Jahreszeit gern am Boden (was ihn für Marder und Fuchs exponiert), während zweiterer grundsätzlich auf Bäumen schläft.

Das spektakulär farbige, exotisch anmutende Federkleid der Fasanhähne weist darauf hin, dass die Urheimat aller Fasane in Asien liegt. Von dort wurden sie zuerst zum Zweck der Zierde nach Europa gebracht. An europäischen Fürstenhöfen war es lange Zeit gebräuchlich, sogenannte Fasangärten zur Erbauung des Schlossherrn und seiner Gäste einzurichten. Später erkannte man, dass Fasane auch gut zu züchten und damit geeignete Fleischlieferanten für die Tafeln hochmögender Herrschaften sind. **Erst im 19. Jahrhundert** – in einer Zeit, da man Waffen zu bauen verstand, die einen Schuss auf sich bewegende Ziele aussichtsreich machten – wurden Fasane als Wildtiere interessant. Heute sind namentlich Fasanhähne neben den Enten **die am meisten bejagten Vögel** in unseren Breiten.

In ihren Bewegungsmustern sind Fasane höchst eigentümlich. Wenn aufgescheucht, versuchen sie erstmals im Laufen zu entkommen. Das wirkt insofern eigenartig, als Fasane mit hoch erhobenem Kopf und durch Hakenschlagen ihre Verfolger abzuschütteln trachten. Wenn Fasane auffliegen, tun sie das oft senkrecht, um dann im Gleitflug Geschwindigkeit aufzunehmen und Höhe zu gewinnen. Dabei sind Fasanhähne durch ihre bis zu einem Meter langen Schwanzfedern einigermaßen behindert. Sie kommen weit weniger rasch auf Fluchtgeschwindigkeit als Fasanhennen, die nach heftigem Flattern oftmals sekundenschnell in die Gleitphase überwechseln können.

Links im Bild: Eine Fasanhenne in dezentem Federkleid, das am Boden gute Tarnung gibt. Oben: Fleisch vom Fasan – nur trocken, wenn man ihm mit zu viel Hitze kommt.

Starke Fasanhähne sind an ihren gut ausgebildeten „Rosen“ – roten Hautlappen rund um die Augen – zu erkennen. Sie dürfen bevorzugt die Hennen „treten“, während jüngere Hähne im Vererbungsgeschäft zumeist leer ausgehen.

VERBREITUNG UND LEBENSART ___ Fasane leben in Mitteleuropa überwiegend im Flachland und besiedeln Lebensräume bis zu einer Seehöhe von etwa 600 Meter. Man sagt, der **Lebensraum des Fasanes soll „vier W“ aufweisen**. Die „W“ stehen für Wasser, Wiese, Wald und Weizen („Weizen“ stellvertretend für alle Arten von Getreide). Somit ist der Fasan eigentlich sehr anspruchsvoll an seinen Lebensraum, denn er braucht die Abwechslung.

Grundsätzlich leben Fasane nach Geschlechtern getrennt in sogenannten **Hahnen- und Hennentrupps.** Die Hauptbalz – die Zeit, in der die Hennen getreten werden – findet meist im April statt. Dabei präsentieren sich die Hähne durch ihr Balzverhalten an übersichtlichen Stellen. Starke Hähne haben gut ausgebildete Rosen – das sind rote Hautlappen rund um das Auge —, und diese sind in der Balz besonders groß. Ein ranghoher Hahn hat meist einen Harem von mehreren Hennen um sich. Junge, also einjährige Hähne gehen in der Balz meist leer aus.

Sind die Hennen getreten, legen sie ein Bodengelege an, das bis zu zehn Eier enthalten kann. Nach etwa drei Wochen der Bebrütung schlüpfen die Küken. Sie sind **wie Raufußhühner Nestflüchter** und benötigen in den ersten Lebenswochen unbedingt tierisches Eiweiß. Durch die Intensivierung der Landwirtschaft und des damit verbundenen Einsatzes von Spritzmitteln gegen „Schädlinge“ haben die Fasanenbestände massiv gelitten, bedeutet doch die Vernichtung von Kleinlebewesen auch eine Vernichtung der tierischen Eiweißquellen für junge Fasane. Auch der Einsatz von großen Erntemaschinen bedeutet die Vernichtung zahlreicher Fasanengelege. Daraus folgend musste in den letzten Jahrzehnten ein beträchtlicher Rückgang des Fasanenbestands registriert werden. **Erst mit der Verbreitung der ökologischen Landwirtschaft kam es auch zu einer Stabilisierung** der Fasanenpopulationen.

BEOBACHTUNG UND BEJAGUNG ___ Fasane sind als tagaktive Vögel relativ leicht zu beobachten. Sie zeigen sich auch nahe von Siedlungsgebieten und scheuen den Menschen nicht. Wie auch der Feldhase bleiben Fasane möglichst lang in Deckung, bevor sie die Flucht ergreifen und auffliegen oder im raschen Lauf mit zahlreichen Richtungsänderungen einem Verfolger zu entkommen trachten.

Diese Eigenart bedingt auch eine spezielle Bejagung der Fasane. **Die häufigste Art ist die Treibjagd.** Dazu gehen mehrere Treiber durch die Äcker und machen das am Boden festsitzende Wild hoch. Die Schützen gehen parallel mit den Treibern oder werden an fixen Punkten angestellt. Mit einem fermen – also gut ausgebildeten – Hund kann die Jagd auch ohne Jagdgesellschaft und Treiber ausgeübt werden. Dabei geht der Jäger mit seinem Vorstehhund durch den Lebensraum der Fasane. Bekommt der Hund Wind von einem Fasan, nimmt er also den Geruch des Fasans wahr, bleibt er stehen, bis der Jäger herankommt. Steigt der Fasan in die Luft, kann er mit Schrot erlegt werden. Absolut **verpönt ist es, einen laufenden oder gehenden Fasan zu erlegen.**

Die Schusszeit für Fasane beginnt in den meisten Regionen im September oder Oktober. In den Sommermonaten werden Fasane nicht bejagt, da sie in dieser Zeit des Jahres das Federkleid wechseln, also in der „Mauser“ sind. Für die Mauser müssen die Vögel viel Energie aufwenden, weshalb ein zur Zeit des Gefiederwechsels erlegter Vogel denkbar wenig Wildbret liefert.

Als Hühnervögel sind Fasane bei der Ernährung nicht sehr wählerisch. Gerne nehmen sie Körner, aber auch Kleinlebewesen zu sich.

Für die Balz suchen Fasanhähne übersichtliche, oft leicht erhöhte Plätze auf, wo sie mit ihrem Imponiergehabe die Hennen zu beeindrucken versuchen.

FELD HASE

Stets wachsam, bedacht auf gute Deckung und bereit zur rasanten Flucht. Feldhasen verfügen über scharfe Sinne und athletische Fähigkeiten.

Der Feldhase ist Opportunist – er siedelt sich überall an, wo die Umstände für ihn günstig sind. Deshalb reicht die Verbreitung des Feldhasen von der Mongolei bis zu den Pyrenäen und von den Niederungen bis ins Gebirge. Auch wo er angesiedelt wurde – etwa in Feuerland und Neuseeland – entwickelten sich starke Populationen.

GEWICHT UND GRÖSSE
Rammler: 3 bis 5 kg
Häsin: 3 bis 5 kg

VERMEHRUNG
Bis zu 4-mal pro Jahr setzt die Häsin zwei bis vier Junge

TRAGZEIT
etwa 43 Tage

WURFZEIT
März (kann aber bis zu 4-mal jährlich sein)

LEBENSERWARTUNG
männlich wie weiblich bis zu 10 Jahre

JAGDERFOLG IN ÖSTERREICH (2017)
Gesamt: 94 245 Stück

VERFÜGBARKEIT DES FRISCHEN WILDBRETS
September bis Dezember

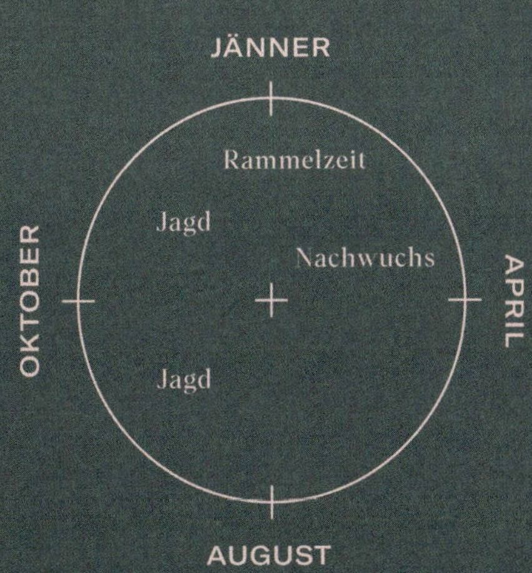

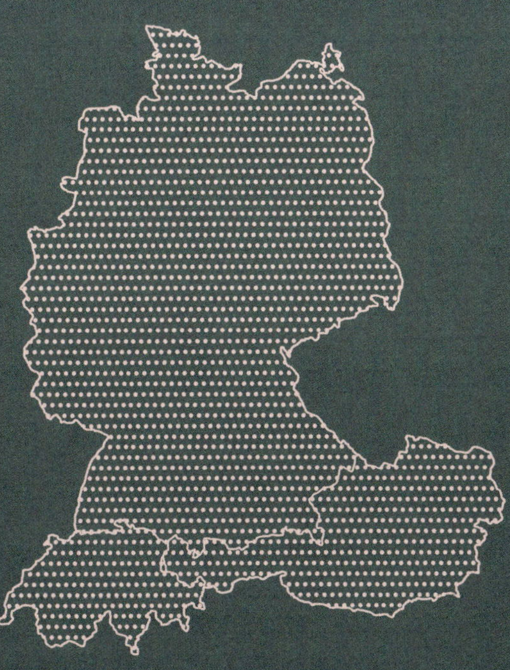

Der Koch zum Thema idealer Küchenhase: „Einen kräftigen, aber jungen, weil alte Hasen gern eine recht widerstandsfähige Muskulatur haben. Daraus kann man zwar erstklassigen Hasenpfeffer zubereiten, für kürzere Garzeiten sind einjährige Hasen aber besser."

TIERKUNDLICHES ___ Feldhasen sind Meister der Tarnung, hervorragende Sprinter, extrem wendig, höchst ausdauernd, mit scharfen Sinnen ausgestattet und genügsam, was die Ernährung betrifft. Damit hat sie die Natur hervorragend für den Überlebenskampf ausgestattet. Auf der Flucht bringen Feldhasen Geschwindigkeiten von bis zu 70 km/h auf den Boden. Damit agieren sie in einer Liga mit Pferd und Strauß. Nur dass Hasen wesentlich wendiger sind. Stichwort „Haken schlagen". Weil Feldhasen dazu noch hervorragend ausgebildete Lungen haben, können sie ihre Fluchten lange durchziehen. Einen fitten Hasen wird ein einzelner Hund schwerlich erjagen. Die Hetzjagd mit Hunderudeln ist – was man aus ethischer Sicht nur begrüßen kann – heute nicht mehr im Programm der Jägerschaft.

Bevor sie ihre athletischen Fähigkeiten ausspielen, versuchen Feldhasen so lange wie möglich unentdeckt zu bleiben. Sie drücken sich in Rinnen, überwachsene Mulden und Gruben – sogenannte Sassen – und **lassen die Gefahr am liebsten an sich vorbeiziehen**.

Neben den individuellen Fähigkeiten für Flucht und Tarnung ist die Gattung der Feldhasen mit einer bemerkenswerten Fertilität ausgestattet. Bis zu viermal im Jahr setzen Häsinnen bis zu sechs Junge. Das ermöglicht eine kurze Tragzeit von 42 bis 43 Tagen. Dazu kommt die Besonderheit, dass Häsinnen den **Nachwuchs zweier Generationen gleichzeitig im Leib** tragen können. Schon ab dem 38. Tag der Trächtigkeit können Häsinnen erneut befruchtet werden und sind damit in der Lage, im Abstand von nicht einmal sechs Wochen Junge zur Welt zu bringen.

Was für die Arterhaltung auch nötig ist, denn verschiedenste Beutegreifer sind hinter jungen Hasen her. Dazu fordert nasse und kalte Witterung viele Opfer. Die bittere Bilanz besagt, dass mehr als 60 % der Feldhasen das erste Lebensjahr nicht überstehen.

DER LEBENSRAUM ___ Entsprechend ihrer guten Anpassungsfähigkeit ist die Verbreitung des Feldhasen recht groß. Auf dem eurasischen Kontinent reicht sie **von der Mongolei bis in die Pyrenäen,** vom Süden Finnlands bis in den Norden des Iran. In Zentraleuropa findet man Feldhasen in den Niederungen ebenso wie in alpinen Regionen bis über 1500 Meter Höhe, denn der Feldhase ist ein ausgesprochener Opportunist – er siedelt sich dort an, wo es ihm nützlich erscheint. Er kann das auch wegen seines Talents zur Anpassung. Wo auch immer das Klima gemäßigt und leidlich warm ist, können sich Feldhasenpopulationen etablieren.

Dennoch ist das Szenario „Felder ohne Feldhasen" leicht möglich. Daran nämlich arbeitet die Agrarindustrie. Seit der agrarindustriellen Revolution werden **in agrarindustrialisierten Ländern die Feldhasenbestände beständig geringer,** weil den Feldhasen der natürliche Lebensraum genommen wird. In Revieren mit einem Mix aus kleinteiliger Bewirtschaftung und unbewirtschafteten Flächen finden Hasen gute Deckung und reiches Nahrungsangebot. Die Industrie legt aber Monokulturen an, wo früher eine Vielzahl von Wild- und Kulturpflanzen gedieh. In Monokulturwüsten haben Feldhasen keine Überlebenschance. Dazu kommt noch die Bearbeitung der Äcker mit monströsen Maschinen, die mit acht Meter breiten Geräten alles abrasieren und zerhäckseln, was nicht rechtzeitig flüchten kann. Für Pflanzenmaterial sind die Geräte gedacht, zwischen pflanzlichem und tierischem Leben können sie jedoch nicht unterscheiden.

Unterstützung in diesem unseligen Programm der Feldhasenreduktion erhält die Agrarindustrie vom Straßenverkehr. In der jüngeren Vergangenheit wurden in Österreich **Jahr für Jahr rund 20 000 totgefahrene Hasen** gemeldet. Gemeldet. Es ist sehr wahrscheinlich, dass mindestens doppelt so viele Hasen jährlich auf Österreichs Straßen sterben.

Feldhasen haben es also nicht leicht in diesen Zeiten, obwohl sie von der Natur so hervorragend für das Überleben ausgerüstet sind.

RAMMLER
Bezeichnung für männliche Feldhasen, die überaus tüchtig in der Fortpflanzung sind und den Kampf mit Gleichgesinnten nicht scheuen. Wenn bei solchen Rangordnungskämpfen Fellbüschel fliegen, bleibt am Ort des Geschehens sogenannte Rammlerwolle zurück.

BEOBACHTUNG UND LEBENSART ___ Wo Feldhasen heimisch sind, können sie auch relativ leicht beobachtet werden. **Ihre Hauptaktivität entfalten sie zwar nachts,** um in der Dunkelheit vor den meisten Greifvögeln sicher zu sein, doch sind sie auch tagsüber unterwegs. Zudem sind Feldhasen gesellige Tiere, und das vor allem in den Monaten Februar bis April, in denen die erste Generation des Jahres gezeugt wird. Davor kommt es wie bei vielen anderen Wildarten zu Auseinandersetzungen zwischen fortpflanzungswilligen → Rammlern, wobei sich die Tiere auf den Hinterläufen zu erstaunlicher Größe aufrichten und mit den Vorderläufen den Schlagabtausch suchen. Dabei fliegen nicht selten Fellbüschel, die in der Jägersprache „Rammlerwolle" genannt werden.

BEJAGUNG ___ Obwohl sich die Population der Feldhasen in jüngster Vergangenheit einigermaßen stabilisiert hat, ist die Jagd auf Hasen in Regionen mit geringem Bestand zurückhaltend auszuüben. Das allerdings obliegt der Verantwortung der Jagdrechtsinhaber und Jagdpächter, denn für Niederwild, dem die Feldhasen zugeordnet sind, **werden keine Abschusspläne erstellt.** Eine probate Methode, die Population gut einzuschätzen, sind statistische Aufzeichnungen und Hasenzählungen. Für den „Feldhasenzensus" wird nach der Ernte der Feldfrüchte nachts mit geländegängigen Fahrzeugen ein bestimmter Bereich des Reviers abgefahren. Im Licht der Scheinwerfer ist zu sehen, was sich auf den Wiesen, Feldern und Äckern tut. Auf Basis der so erhobenen Zahlen und Vergleichswerte aus früheren Zählungen lässt sich gut sagen, wie es um die Hasenpopulation in einem Revier steht und danach entscheiden, wie oft oder ob überhaupt auf Hasen gejagt werden kann.

Auf Feldhasen gejagt wird üblicherweise im Herbst im Rahmen von Gesellschaftsjagden, an denen bis zu zwanzig und mehr Jäger und Jägerinnen beteiligt sind. Große Bedeutung kommt dabei Hunden zu, die das Niederwild aufstöbern. Die Ausbildung eines Hundes für diesen Zweck ist eine anspruchsvolle Aufgabe, sollen sich die Hunde doch stets in einem gewissen Raum vor den Jägerinnen und Jägern bewegen und auch bei aufgehendem Wild die Kommandos der Hundeführer befolgen. Dem Trieb und nicht dem Willen des Menschen gehorchend, würden sie jeden Hasen bis zum Horizont verfolgen, was allerdings dem Jagderfolg nicht dienlich wäre. Dazu sollen sich die Hunde nicht zu weit vor den Personen mit den Flinten bewegen, denn ist ein flüchtender Hase weiter als etwa 30 Meter von der Schützin oder dem Schützen entfernt, kann er möglicherweise noch getroffen werden. Ob der Hase danach allerdings liegen bleibt und nicht verletzt entkommt, ist eine andere Frage. Auch bei der Jagd auf Niederwild **zeichnet nicht der gewagte Schuss die gute Jägerin und den guten Jäger aus.** Es zählt der richtige Moment.

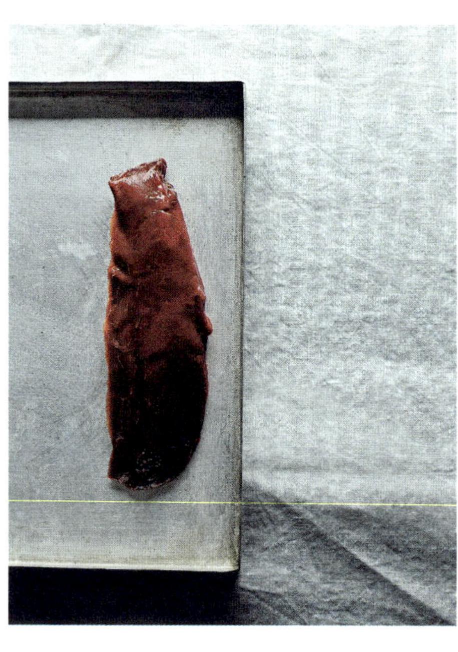

Rechts liegt ein Hase in der Sasse und hofft, dass die Gefahr vorüberzieht. Oben liegt ein Hasenfilet bereit zur kulinarischen Veredelung.

Feldhase

REH WILD

Ein junger Bock an einem Ort, der Rehwild besonders behagt: So weit offen, dass Gräser und Kräuter gedeihen, und gleich neben guter Deckung, in die das Tier bei Annäherung von Gefahr geräuschlos schlüpfen kann.

Kulturfolger, Feinschmecker unter den Schalenwildarten, vor gar nicht langer Zeit von der Ausrottung bedroht und heute sehr weit mit starken Populationen verbreitet – all das ist Rehwild. Für Wildtierbeobachter sowie Jägerinnen und Jäger bieten Rehe ein reiches Betätigungsfeld, Köchinnen und Köche erhalten durch das Wildbret vom Reh eine besonders edle Zutat für die gute Küche.

GEWICHT UND GRÖSSE
Rehbock: 15 bis 20 kg
Rehgeiß: 14 bis 18 kg
Kitz ca. 10 kg (im Spätherbst)

VERMEHRUNG
1 - 2 Kitze (50 % der Geißen führen 2 Kitze)

TRAGZEIT
40 Wochen, davon 18 Wochen Eiruhe

SETZZEIT
Mai bis Juni

LEBENSERWARTUNG
bis zu 10 Jahre

BESTAND IN MITTELEUROPA
stabil

JAGDERFOLG IN ÖSTERREICH (2017)
Gesamt 285 718 Stück
104 010 Rehböcke
98 744 Rehgeißen
82 964 Kitze

VERFÜGBARKEIT DES FRISCHEN WILDBRETS
Mai bis Dezember

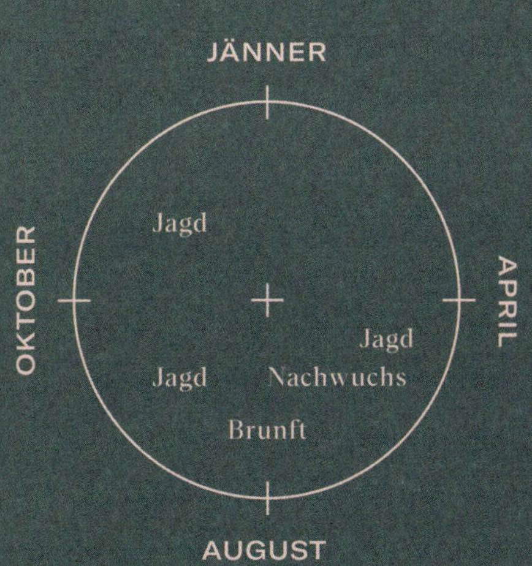

TIERKUNDLICHES UND LEBENSRAUM ___ Rehe und Elche haben auf den ersten Blick wenig gemeinsam. Auf den zweiten Blick – nämlich mit dem des Genetikers – aber doch, denn Rehe sind mit den rund 30- bis 40-mal so schweren Elchen wesentlich näher verwandt als mit dem bei uns heimischen Rotwild. Man nennt Rehe deshalb auch „Trughirsche“. Der Schein trügt auch in diesem Fall.

Rehe sind über gesamt Europa bis an die Grenze zu Russland, bis zum Polarkreis und tief nach Anatolien und Syrien hinein verbreitet. Europäische Rehe fehlen in Europa lediglich auf Irland. In Österreich kommen Rehe von den Almgebieten Vorarlbergs bis in die Niederungen des Ostens vor. Damit ist **Rehwild heute die häufigste große Wildgattung** in Österreich. Mit Hase, Kaninchen und dergleichen wird Rehwild zum „Niederwild“ gezählt. Das trotz der augenscheinlichen Hochbeinigkeit der Rehe, da sich die kategorische Unterscheidung zwischen Hoch- und Niederwild nicht nach dem Erscheinungsbild der Tiere richtet, sondern historisch nach der Jagdberechtigung darauf. Als die Jagd auf große Wildtiere noch ausschließlich dem Adel und Grundbesitzern vorbehalten war, unterschied man zwischen Hochwild, das nur hochgestellte Herrschaften bejagen durften, und dem Rest, den man Niederwild nannte. Ursprünglich zählten auch Rehe zum Hochwild. Wie sich herausstellte, waren die hochmögenden Weidmänner mit der Jagd darauf allerdings überfordert. Die Rehe vermehrten sich beträchtlich und wurden in manchen Regionen für die Landwirtschaft zu einem veritablen Problem. Worauf man das Rehwild kurzerhand zum Niederwild degradierte und die Bejagung auch Bürgern gestattete. Mit dem rasch eintretenden Erfolg, dass Rehe in manchen Gebieten ausgerottet wurden. Worauf man die Rehe wieder in den Stand des Hochwilds erhob. Heute allerdings zählt diese Gattung wieder zum Niederwild, was aber nur noch formale Bedeutung hat.

Rehwild ist bei der Äsung anspruchsvoll und sucht nach Gräsern, Kräutern, Trieben und Früchten. Wegen seines speziellen Verdauungsapparats braucht es große Mengen Futter. Rechts: Ein Bock im Bast.

Wegen der langen Jagdzeit ist Wildbret vom Reh mit kurzen Unterbrechungen von Mai bis Dezember verfügbar. Im kulinarischen Charakter des Wildbrets spiegeln sich die saisonalen Lebensumstände des Rehwilds wider.

LEBENSART ___ Die Unterschiede zwischen Rehwild und Rotwild sind nicht nur genetischer und jagdhistorischer Natur. Die beiden Gattungen unterscheiden sich auch im Verhalten beträchtlich. Beispielsweise sind **Rehe zumeist Einzelgänger,** was fast ausnahmslos für Rehböcke gilt. Diese verhalten sich gegenüber Artgenossen auch ausgesprochen unsozial. Kommt es zu Kämpfen zwischen Rehböcken, werden diese ziemlich schonungslos ausgetragen. Wegen des vergleichsweise kleinen Geweihs mit den spitzen Enden kommt es oft zu blutigen Verletzungen. Wird ein unterlegener Bock vom Sieger des Gefechts „versprengt", geht die wilde Verfolgungsjagd bis zu einem Kilometer weit. Rothirsche sind diesbezüglich wesentlich verträglicher und zurückhaltender.

EINE GEISS TREIBEN
So wird es genannt, wenn ein paarungswilliger Bock das weibliche Reh verfolgt. Ein Spiel, das sich über mehrere Tage hinziehen kann.

Rehwild ist zudem **fast das gesamte Jahr standorttreu** und beansprucht klar abgegrenzte Territorien. Für die Markierung verfügen Rehböcke über Duftdrüsen zwischen den Geweihstangen, zwischen den Schalen der Hinterläufe und an den Laufbürsten, den sogenannten Kastanien der Hinterläufe.

Rehböcke tragen etwa von März bis Oktober ein verfegtes Geweih. In dieser Zeit markieren sie ihre Territorien und verteidigen diese energisch gegenüber Artgenossen. Sobald sie ihr Geweih abgeworfen haben, leben sie wieder etwas sozialer.

In Ackerbaugebieten oder auf großen Freiflächen kann man in den Herbst- und Wintermonaten mehrere Rehe – einen sogenannten Sprung Rehe – gemeinsam ziehen sehen. In dieser Jahreszeit mit geringerer Deckung hat die Wachsamkeit sehr große Bedeutung, wofür sich die Rehe in eine Gemeinschaft fügen. Liegt ein Sprung auf freier Fläche, ordnen sich die Rehe stets so an, dass in jede Richtung gesichert wird. Die Beunruhigung eines Individuums führt sofort zu erhöhter Wachsamkeit und Nervosität des gesamten Sprungs. **Flüchtet ein Reh, folgen ihm sofort sämtliche anderen Rehe** des Sprungs, mitunter ergreifen auch die Rehe eines territorial benachbarten Sprungs die Flucht vor einem realen oder imaginierten Feind.

Weiters im Gegensatz zum Rotwild beschlagen Rehböcke üblicherweise nur eine Geiß. Lediglich in Gebieten, in denen zu wenige Böcke vorhanden sind, kommt es vor, dass Rehböcke mehrere Geißen beschlagen. Dem zuvor geht ein recht umfangreiches Ritual, das mehrere Stunden dauert und auch Tage dauern kann: Der Bock nähert sich der Geiß, worauf diese mit Flucht reagiert. **Der Bock verfolgt dann die Geiß,** man sagt dazu → „er treibt sie". Dieses Spiel wiederholt sich mehrere Male, bis sich die Geiß endlich paarungsbereit gibt.

Fleisch vom Reh: Im Frühling und Sommer eher zart und gut für die Zubereitung mit Kräutern und jungem Gemüse, im Herbst und Winter kraftvoll aromatisch mit deutlichem Wildgeschmack.

Die Paarung findet im Hochsommer statt, wenn die Rehe in bester Kondition sind. Damit die Kitze nach 40 Wochen Tragzeit erst im darauffolgenden Mai oder Anfang Juni gesetzt werden, herrscht im Mutterleib **eine mehrmonatige Eiruhe.** Erst im Dezember setzt die Entwicklung der Föten ein.

Etwa die Hälfte der Geißen führt zwei Kitze. Diese sind lange Zeit auf die Mutter angewiesen und werden bis in den Dezember gesäugt. Erst nach etwa vier Wochen folgen sie der Geiß bei der Futtersuche. Als Besonderheit des Rehwilds ist zu erwähnen, dass Bockkitze in guter Kondition bereits im ersten Lebensjahr zwei Geweihe bilden können, man nennt diese Tiere „Kitzböcke".

Die Nahrungsaufnahme und -verwertung beansprucht bei Rehen viel Zeit. Ihre Äsung ist relativ energiearm, zudem ist der Verdauungsapparat der Rehe nicht besonders effektiv. Rehe benötigen **pro Tag acht bis elf Äsungsperioden,** um Futter aufzunehmen und zu verarbeiten. Der Tages- und Nachtverlauf von Rehwild besteht also überwiegend aus Futter suchen, aufnehmen und wiederkäuen. Dazu sind Rehe beim Futter anspruchsvoll. Neben Gräsern und Kräutern haben sie es auf Triebe, Knospen, Feldfrüchte, Baumfrüchte und Getreide abgesehen. Das Rehwild ist damit ein „Konzentratselektierer", kurz gesagt: **der Feinschmecker unter den Schalenwildarten.**

BEOBACHTUNG ___ Auf ihrer Futtersuche sind Rehe also recht viel in ihrem Revier unterwegs. Das und die oben erwähnte Standorttreue macht es relativ leicht, Rehe zu beobachten. Dazu kommt eine ausgesprochen hohe Bestandsdichte in vielen Kulturlandschaften Europas.

Die gute Entwicklung des Rehwilds hat allerdings erst in der jüngeren Vergangenheit mit der Ausbreitung der Landwirtschaft und der Ausrottung oder Vertreibung verschiedener großer Beutegreifer eingesetzt. In alten Quellen liest man wenig über Rehwild, weil Rehe weder besonders häufig anzutreffen noch als attraktiv für die fürstliche Jagd empfunden wurden.

Die aktuell sehr großen Rehwildpopulationen sind **für die Forstwirtschaft mitunter problematisch** und für die Biodiversität in den Rehwildrevieren nachteilig. Rehwild schält zwar nicht wie Rotwild Baumrinde ab, jedoch verbeißt es sehr gerne die Terminaltriebe junger Bäume. Dadurch kann es zur Zwieselbildung der Stämme und zu erheblichem Wachstumsverlust kommen. Auch verfegen Rehböcke beim Markieren ihrer Territorien immer wieder kleine Bäume, was ebenfalls zu Ausfällen in der Bestockung führen kann. Durch seine sehr selektive Futteraufnahme kann es in Rehwildhabitaten zu einer Entmischung des Waldbestands kommen. Gesamt können die Verbissschäden durch Rehwild nach dem Befund des Schweizer Wildbiologen Fred Kurt die **„Dimension einer Naturkatastrophe"** annehmen.

Das Mutterglück bei Rehen währt lange: Die Kitze bleiben nach dem Setzen vier Wochen in der Deckung und folgen erst dann ihrer Mutter. Bis in den Dezember säugt die Geiß ihre Kitze.

Die kleinteilige Landwirtschaft in vielen Regionen Österreichs bietet dem Rehwild ideale Lebensbedingungen, denn an den Säumen zwischen Wald- und Freiflächen findet es reichlich Äsung und Deckung. Entsprechend groß sind die Rehwildpopulationen und ist der Jagderfolg auf Rehwild in Österreich.

BEJAGUNG ___ Entsprechend groß ist das Interesse der Land- und Forstwirtschaft, die Rehwildpopulationen in einem akzeptablen Rahmen zu halten. Vor allem in Österreich ist das eine Notwendigkeit. **Das Vorkommen von Rehwild ist seit Jahrzehnten stabil bis steigend,** was mit der Struktur der Landwirtschaft zu tun hat. Der ideale Lebensraum für Rehe ist durch Säume zwischen Wald- und Freiflächen gekennzeichnet, ein Biotop, das in agrarindustriell genutzten Landschaften vergleichsweise selten, in Österreich aber reichlich gegeben ist. Mit regelmäßig mehr als 200 000 erlegten Rehen pro Jahr hat Österreich im Vergleich zu seiner Fläche einen internationalen Spitzenwert vorzuweisen.

Rehwild kann beim Ansitz, bei der Pirsch oder bei der Lockjagd – der sogenannten Blattjagd – erlegt werden. Bei der Blattjagd machen sich Jägerinnen und Jäger eine Kommunikationsform der Rehe zunutze. Im Gegensatz zum Rotwild gibt der Rehbock in der Brunft keinen Laut von sich, jedoch die Rehgeiß: sie → fiept. Man unterscheidet zwischen einem Geißfiep, den die brunftige Geiß von sich gibt, und dem Sprengfiep, den eine vom Bock bedrängte Geiß von sich gibt. Kitze kommunizieren mit ihrer Mutter durch ein zartes Fiepen. Mit der Nachahmung des Geißfieps können Rehböcke aus der Deckung gelockt und infolge erlegt werden.

FIEPEN
Geräusche, die Geißen und Kitze in unterschiedlicher Form von sich geben und dem Jäger oder der Jägerin nützlich sein können, wenn ein Stück aus der Deckung gelockt werden soll.

Beim Rehwild gilt es wie beim Rotwild, **einen behördlichen Abschussplan zu erfüllen.** Dieser schreibt bei den weiblichen und jungen Rehböcken einen Mindestabschuss und bei den älteren Böcken einen Höchstabschuss vor. Der Abschussplan ist bis zum Ende der Schusszeit zu erfüllen. Verstöße gegen die behördlichen Vorgaben werden mit Geldstrafen geahndet.

ROT WILD

Im Winter hat Rotwild eine schwere Zeit. Wenn die Schneedecke gefroren und ein Abwandern in tiefere Regionen nicht möglich ist, sind Fütterungen für das Überleben der Wildtiere unverzichtbar.

Wer dergleichen noch nicht gehört hat, könnte meinen, die Bären sind los im Revier. Oder Löwen. Oder Büffel. Da und dort brüllt und röchelt und schnaubt und hustet es aus tiefer Brust und rauer Kehle. Die da so hemmungslos auf sich aufmerksam machen, sind eigentlich scheue und für gewöhnlich schwer auffindbare Wesen: Rothirsche – das spektakulärste Wild in Zentraleuropa.

GEWICHT UND GRÖSSE
Hirsch: 70 bis 200 kg
Tier: 50 bis 100 kg
Kalb ca. 40 kg (im Spätherbst)

VERMEHRUNG
1 Kalb, selten 2 Kälber

TRAGZEIT
34 Wochen

SETZZEIT
Mai bis Juni

LEBENSERWARTUNG
Bis zu 20 Jahre

BESTAND IN MITTELEUROPA
stabil

JAGDERFOLG IN ÖSTERREICH (2017)
Gesamt: 53 458 Stück
14 048 Hirsche
22 355 Tiere
17 055 Kälber

VERFÜGBARKEIT DES FRISCHEN WILDBRETS
Mai bis Dezember

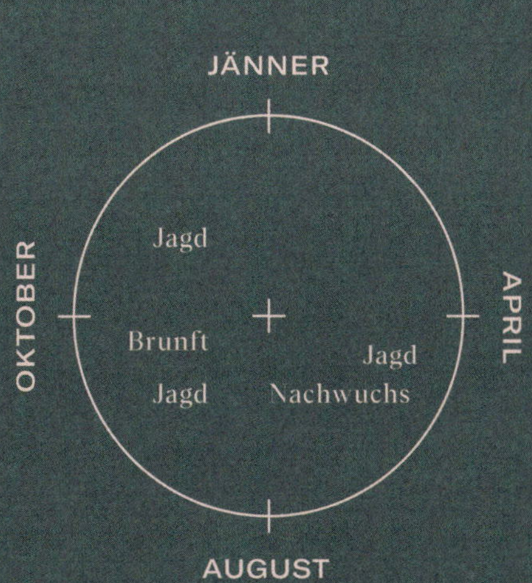

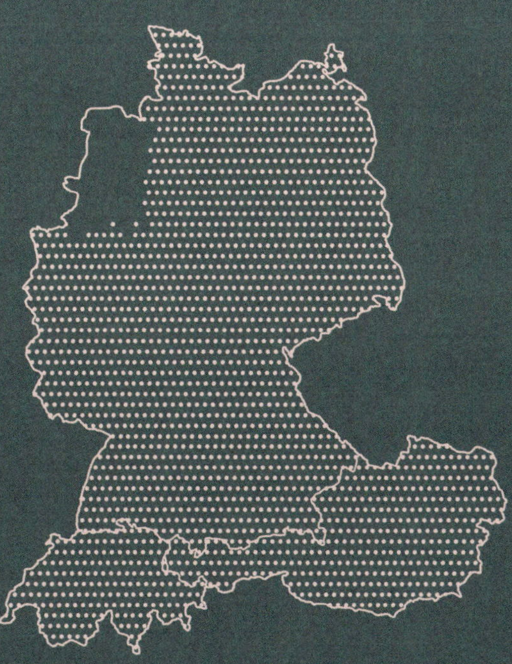

TIERKUNDLICHES ___ Rothirsche sind gewaltige Erscheinungen. Starke Stücke können eine Kopf-Rumpf-Länge von mehr als zwei Meter und ein Gewicht von deutlich mehr als zweihundert Kilo erreichen. Abgesehen von Elchwild und dem in Einzelfällen für die Jagd freigegebenen Wisent ist Rotwild die größte in Europa jagdbare Wildgattung. Dass Rotwild als jagdbares Wild schon seit sehr langer Zeit geschätzt und verehrt wird, zeigt sich unter anderem an den Malereien in der Höhle von Lascaux, die auch die Darstellung von sechs Hirschen umfassen und zwischen 38 000 und 17 000 Jahre alt sind.

Was seinen Lebensraum betrifft, ist **Rotwild überaus anpassungsfähig.** Es kommt mit den kargen Bedingungen hochalpiner Regionen ebenso zurecht wie mit den Lebensumständen in Auwäldern, wo sich die stärksten Stücke herausbilden. Was Rotwild allerdings braucht, sind große Bereiche, in denen es ungestört bleibt, ein umfangreiches Angebot an Gräsern, Kräutern, Trieben, Knospen, Blättern und Früchten – ein ausgewachsener Hirsch braucht in der → Feistzeit immerhin bis zu 10 kg und mehr Nahrung täglich – sowie geschützte Einstände für die Ruhephasen.

Die Faszination für Rotwild und die der Jagd auf diese prachtvollen Wildtiere ist seit Jahrtausenden ungebrochen, auch wenn sie **heute besonders hohe Ansprüche an das Wildverständnis** stellt und die Erhaltung der Rotwildpopulationen in Zentraleuropa mehr Engagement denn je erfordert. Nicht nur das der Jägerschaft, sondern auch anderer Interessensgruppen.

Der Jägerschaft geht es bei der Hege um die Erhaltung gesunder Populationen mit einem Überschuss an jagdbarem und auch jagdlich interessantem Wild – Stichwort „Trophäe", das an anderer Stelle in diesem Buch behandelt wird. Die Forstwirtschaft, Landwirtschaft, Freizeitwirtschaft und die Gesellschaft, die von der Existenz des Wildes nicht unmittelbar betroffen sind – all diese Gruppen haben naturgemäß andere und verschiedene Interessen und Prioritäten. Und alles hängt am Lebensraum für das Wild.

FEISTZEIT
Die angenehmste Saison im Jahreslauf des Rotwilds, denn in dieser Zeit werden die Energiereserven für die Brunft und den Winter aufgebaut. Die Gliederung des Jahres umfasst beim Rotwild weiters die Kolbenzeit, in der die Hirsche ihr neues Geweih bilden, die Brunftzeit, also die Paarungsperiode, und die Notzeit des Winters.

DER LEBENSRAUM ___ Um die Existenz des Rotwilds in Mitteleuropa zu sichern, muss sein natürlicher Lebensraum erhalten bleiben. Das allerdings ist vielerorts nicht mehr gegeben und leider nicht allen Menschen ein vorrangiges Anliegen. **Wo Rotwild Probleme hat, macht es Probleme.** In einem schlecht geeigneten Lebensraum, in dem beispielsweise im Winter Nahrungsmangel herrscht oder das Wild durch zu viel Unruhe von den Arealen mit ausreichendem Nahrungsangebot ferngehalten wird, verursacht Rotwild erheblichen Schaden. Wo andere Nahrung Man-

So erhebt sich die Frage an den Jäger und Heger: „Geht es dem Rotwild in Österreichs Alpen gut?“ „Eher nicht!“, sagt der Jäger und Heger. „Durch verschiedene Maßnahmen, wie dem Auflassen von Futterplätzen, der Segmentierung von Revieren in Pirschbezirke oder Aufforstungsmaßnahmen kommt das Rotwild bedenklich unter Druck. Wenn diese Tendenzen fortgeschrieben werden, könnte das Rotwild in Österreichs Alpen bald zu den gefährdeten Tierarten zählen.“

gelware ist, muss Rotwild von Rinden und Trieben leben und kann dabei weite Waldgebiete in Mitleidenschaft ziehen. Vor allem in den alpinen Regionen mit Rotwildbestand ist das ein großes Thema. **Man nennt es Wildschaden, eigentlich ist es aber ein Zivilisationsschaden.**

Als der Mensch mit seiner Zivilisation noch nicht so präsent war wie heute, gestaltete sich das Leben und Überleben für das Rotwild einfacher. Im Sommer war es an der Baumgrenze und in Höhenlagen darüber unterwegs. Sobald die Nahrung dort wegen der Schneedecke knapp wurde, wanderte das Wild in tiefere Regionen. Dort fand es Schutz vor der Witterung und immer noch genug energiereiches Pflanzenmaterial für die Ernährung. Diese Niederungen sind heute aber von den Menschen okkupiert und mit so ziemlich allem ausgestattet, was das große Wild nicht brauchen kann: mit Straßen, Eisenbahntrassen, Siedlungen, Zäunen, Lärm und Licht. Also bleibt das Rotwild am Berg, wo es Schneestürmen, Lawinen und Nahrungsmangel ausgesetzt ist. Wenn der Mensch nicht will, dass das Rotwild – der Not gehorchend und dem Appetit auf Rinde erliegend – den Wald ruiniert, hat er zwei Optionen: **Rotwild ausrotten oder füttern.**

Ein Hirschrücken, knapp vor der Übergabe in die Hitze. Fleisch von Tieren und Kälbern braucht davon deutlich weniger als das von Hirschen.

Das Projekt „Ausrotten" ist eine vergleichsweise simple Angelegenheit. Dazu braucht es nur ein entsprechendes Gesetz, denn Jägerinnen und Jäger müssen erledigen, was ihnen der Gesetzgeber vorschreibt. Für den Süden Deutschlands beispielsweise hat man mit Ausnahme ganz weniger, kleiner Gebiete befunden, dass dort das Rotwild nichts verloren hat. Was sich in dieser roten Zone an Rotwild zeigt, ist ausnahmslos zu erlegen. Gleiches gilt für Gebiete in Österreich, die besonderen Verbissschutz erfordern – Stichwort: Wildbach- und Lawinenverbauungen – und als Schutzwaldgebiete klassifiziert sind.

Die Option Fütterung ist komplexer. Mit ihr lässt sich nicht nur der Bestand von Wildpopulationen regeln, indem das Überleben in harten Wintern gesichert wird, es kann das Wild auch in einen speziellen Lebensraum geführt oder gehalten werden. Wo im Winter gefüttert wird und im Sommer Ruhe herrscht, werden Rotwildpopulationen Bestand haben. **Wo Fütterungen aufgelassen werden oder das Wild in Unruhe versetzt wird, steigt der Verbiss in den Wäldern,** worauf die dadurch geschädigten Waldbesitzer auf die Erhöhung des Jagddrucks drängen werden. Folglich wird das Wild, wenn es nicht ausgerottet wird, in einen anderen Lebensraum wandern. Dass es ihm dort besser geht und die Menschen dort besser mit dem Wild auskommen, ist keine ausgemachte Sache. Unter Umständen wird das Problem größer als es war.

Auf wissenschaftlicher Ebene befassen sich Wildökologen mit den Interaktionen zwischen Mensch und Wild, genauer: jagdbaren Wildtieren. Sie haben genug zu tun, auch weil es von Wildökologen zu wenige gibt und sich noch nicht bis zum letzten Jagdverband und Forstwirtschaftstreibenden durchgesprochen hat, dass Eingriffe in die Natur mitunter unbeherrschbare Folgen haben können – man also besser innehält und scharf nachdenkt, bevor man zum Beispiel Wildfütterungen auflässt oder an der falschen Stelle errichtet. Wo sich aber die Menschen des Rotwilds angenommen haben und ihm seinen Lebensraum gewähren, kann der faszinierende Lebenszyklus dieser Wildart beobachtet oder zumindest begleitet werden.

LEBENSART ___ In einem beträchtlichen Abschnitt des Jahres gibt es wenig bis gar nichts zu beobachten, weil Rotwild sehr zurückgezogen lebt. In der → Feistzeit beispielsweise beschränkt sich die Aktivität des Rothirsches auf die Nahrungsaufnahme und das Ruhen. Beides pflegen die Hirsche in abgeschiedenen Regionen und behutsam zu tun, sodass man in dieser Periode kaum jemals einen Hirsch zu Gesicht bekommt. Man spricht unter solchen Umständen dann vom **Hirsch als „Waldgespenst"**, einem Wesen, das da ist, aber nicht in Erscheinung tritt. In dieser Zeit herrscht im Rotwildrevier weihevolle Stille. Nur das

Rotwild

In der Brunft kommt der Jäger an die Hirsche heran und kann sie weidgerecht erlegen. Unter dem Jahr leben Hirsche in Rudeln. Da ein Stück herauszuschießen hieße, alle anderen Hirsche zu verstören. Die Weidgerechtigkeit erfordert also das Erlegen von Hirschen zu einer Jahreszeit, in der das Wildbret kulinarisch fallweise nicht optimal ist.

Spiel des Windes in den Zweigen, das Schwirren der Insekten und die Rufe der Vögel weben einen zarten Schleier aus Geräuschen in die klare Luft. Im Auwald oder wo ein Bach sprudelt, kommt noch die Musik des Wassers hinzu. Ein paar Wochen im Herbst wird es allerdings laut, weil Hirsche → melden. Sie melden sich bereit zum Fortpflanzungsgeschäft und Kräftemessen mit ihresgleichen, wenn es der Zweck erfordert.

Wer dergleichen noch nicht gehört hat, könnte meinen, die Bären sind los. Da und dort brüllt und röchelt und schnaubt und hustet es aus tiefer Brust und rauer Kehle. Die da so hemmungslos auf sich aufmerksam machen, sind gewöhnlich scheue Wesen. **Zur Brunftzeit aber lassen sie jede Zurückhaltung und fast alle Vorsicht fallen.** Nun nämlich geht es darum, Präsenz zu zeigen, andere Hirsche von einem eigenen Territorium fernzuhalten und empfängliche Tiere auf die Paarung einzustimmen. Dafür wird ordentlich geröhrt und jeder auf den Plan tretende Konkurrent attackiert.

Dabei sind Hirsche nicht grundsätzlich feindselig oder aggressiv. Die meiste Zeit des Jahres leben sie, getrennt und mitunter weit abgeschieden von den weiblichen Vertretern ihrer Art und den Kälbern, in

Herrenclubs zusammen und vertragen sich ausgezeichnet. Nur wenn es zu Herbstbeginn um die Paarung geht, werden sie rastlos und sehr unverträglich.

Brunft ist eine ernste Sache. Die Verfügungsgewalt über ein Rudel muss erkämpft oder verteidigt werden. Dafür hat die Natur den Rothirsch mit einem mächtigen Geweih ausgestattet. Mit bis zu zwölf Kilogramm Gewicht und den spitzen Spornen zählt es zu den gefährlicheren Waffen. Zudem können Rothirsche ein beträchtliches Kampfgewicht ins Feld führen. Wenn zwei starke Kerle aufeinanderprallen, ist mächtig was los im Ring.

Wie alle großen Kämpfe mit Tradition **folgt auch das Kräftemessen der Hirsche einem Ritual** und strengen Regeln. Vom Imponiergehabe bis zur ernsten Warnung über die Präsentation der Waffen bis zum erbitterten Ringen um jede Handbreit Boden entwickelt sich der Brunftkampf, bis sich einer der Kombattanten von seinem Gegner abwendet und den Kampfplatz verlässt. Oder zumindest Distanz zu seinem Widersacher herstellt, um sich die Sache noch einmal zu überlegen. Ein Stück weit, ein paar Sprünge wird der Sieger des Gefechts dem Unterlegenen nachsetzen. Nicht etwa, um ihn von hinten anzugreifen. Nur um klarzustellen, wie die Angelegenheit einzuordnen ist.

Die erste Eskalationsstufe solcher Auseinandersetzungen wirkt wie die Demonstration von ausgesuchter Freundlichkeit und Harmonie. Die Hirsche nähern sich einander an, ohne dabei, so scheint es jedenfalls, dem anderen besondere Aufmerksamkeit zu widmen. Dann schwenken sie auf parallele Wege ein und schreiten nebeneinander her, die Häupter hoch erhoben und ohne den Begleiter eines Blicks zu würdigen. Man übt sich im Nicht-einmal-Ignorieren des anderen, doch das Gehabe wirkt nun schon deutlich angestrengter. Das geht so bis zu dem Moment, da einer das Geweih senkt und beidreht. Das tut der andere Hirsch dann blitzschnell auch. Die Stangen prallen aufeinander, der Kampf wird Stirn an Stirn, Geweih in Geweih ausgefochten. Ineinander verkeilt, im Kreis sich drehend und schiebend, mit zitternden Flanken und bebenden Nüstern geht es schlicht darum, den Widersacher vom Platz zu schieben. Wenn sich die Verstrickung der Geweihe unglücklich löst, ein Hirsch ins Straucheln kommt, dann fließt leicht auch Blut, **dann geht es bei der Auseinandersetzung plötzlich auf Leben oder Tod.** „Geforkelte", also aufgegabelte Hirsche sind häufig verloren. Eine gar nicht erbauliche Aufgabe der Jägerinnen und Jäger besteht darin, derart verletzte Hirsche aufzufinden und wenn möglich oder nötig von ihren Qualen zu erlösen. In alpinen Regionen kommt dabei auch Hilfe von oben: Wo Raben oder Adler beständig über einer Stelle kreisen, liegt nicht selten ein verletztes Tier.

Der Kampf ums Überleben ist zur Brunftzeit bei den Rothirschen auch in einem indirekten Sinn zu verstehen. Das Recht der Stärksten ist das Recht zur Fortpflanzung. Bei Weitem nicht alle Hirsche im zeugungsfähigen Alter sind zu diesem Geschäft zugelassen. Die stärksten Hirsche, gewöhnlich in einem Alter von acht bis elf Jahren, verteidigen Reviere, innerhalb derer sie – und nur sie – möglichst viele Tiere bespringen. Wie groß diese „Plätze" sind, die „Platzhirsche" zu beanspruchen und zu verteidigen imstande sind, ist von den regionalen Gegebenheiten und der Größe der Hirschpopulation abhängig. Die Brunftrudel können aber eine Größe von 20 Stück und mehr erreichen.

MELDEN

So nennt man das Rufen der brunftigen Hirsche. Sie melden Tag und Nacht, um ihre Revieransprüche zu bekunden. Sobald die Paarungszeit verstrichen ist, verhalten sich Rothirsche wieder still.

BEOBACHTUNG ___ Die Platzhirsche sind dabei weitgehend standorttreu, was – neben dem Brunftröhren – ihre Beobachtung erleichtert. Jüngere Hirsche erkennen üblicherweise, wo der Versuch zur Übernahme eines Rudels aussichtslos ist und meiden den Konflikt mit einem überlegenen Hirsch. Das kann mitunter zu der kuriosen Szene führen, dass zwei Rivalen erbittert miteinander ringen, während jüngere Artgenossen, Tiere und Kälber das spektakuläre Treiben gelassen beobachten oder am Rande der Arena gemütlich äsen.

Nach dem ehernen Gesetz der Natur wird der Fittere gewinnen und fortan oder weiterhin seine Erbanlagen weitergeben. **Uneingeschränkt gilt das Recht des Stärkeren.**

BEJAGUNG ___ Auch das Jagdrecht zielt auf die optimale Fortpflanzungsqualität der Wildtiere ab und kennt für Hirsche des Rotwilds drei Klassen mit unterschiedlichem Schutzstatus: Klasse III umfasst männliches Rotwild mit einem Alter von bis zu vier Jahren. Klasse II bezeichnet die Gruppe der fünf- bis neunjährigen Hirsche. Zuletzt werden der Klasse I zehnjährige und ältere Hirsche zugeordnet.

Die Jagd betrifft beim Rotwild freilich nicht nur die Hirsche. Um die Populationen auf dem passenden Niveau zu halten, muss auch → Kahlwild bejagt werden. Damit eine Rotwildpopulation gesellschaftlich gut funktioniert, sollen auf jeden sich fortpflanzenden Hirsch etwa zehn Stück Kahlwild kommen. Herrscht ein Überangebot an weiblichen Rotwildstücken, **wird es zu härtesten Verteilungskämpfen kommen** mit einer entsprechenden Unruhe im Revier, verletzten Hirschen und unbeschlagenen Tieren, was auch nicht dem natürlichen Lebensentwurf des Rotwilds entspricht. Die Ursache einer solchen Asymmetrie, die sich unweigerlich ergeben würde, stellte man die Bejagung und Hege des Wildes ein, ist wieder beim Menschen zu suchen. Mit der Ausrottung der großen Beutegreifer hat sich die Überlebensrate von schwachen Tieren und Kälbern deutlich verbessert. Nun muss und kann der Mensch wieder der Natur entnehmen, was die Natur selbst nicht mehr reguliert.

Die Jagd auf Kahlwild stellt sich deutlich anders dar als die herbstliche Jagd auf Hirsche. Tiere und Kälber bewegen sich in einem fest gefügten Rhythmus von den Plätzen mit gutem Nahrungsangebot zu den Ruhebereichen mit guter Deckung. In diesen Einständen verbringt das Rudel den Tag, während es die Tagesränder für die Nahrungsaufnahme verwendet. Zumindest ist das so in Revieren, in denen das Weidwerk mit Umsicht, Sorgfalt und Verständnis für das Wild ausgeübt wird und alles darauf abzielt, das Wild vom Menschen unbeeinträchtigt zu lassen. Macht sich der Mensch bemerkbar und lernt das Wild, dass der Mensch Gefahr bringt, wird es sein Verhalten ändern. Es wird möglicherweise bis zum Eintritt völliger Dunkelheit in seiner Deckung verharren. Mit fatalen Folgen für Wild und Jagd, denn in der Dunkelheit hat das Wild wesentlich größere Mühe mit der Nahrungsaufnahme und in der Dunkelheit ist die Jagd auf Rotwild keine Option.

Damit ist die Pirsch auf Tiere und Kälber des Rotwilds eine Angelegenheit für frühe Vögel und solche mit guter Nachtsicht, denn im Gebirge kann der Aufstieg in die Rotwildregionen mehrere Stunden dauern. Jäger und Jägerinnen sind also in der Finsternis unterwegs und zwar auf Steigen, die alles bieten, was Verletzungen begünstigt: steile Anstiege, rutschiges Geläuf, Wasserquerungen, Knüppel vor den Beinen, wo man sie am wenigsten brauchen kann. Sind Jäger oder Jägerin rechtzeitig vor Ort, können sie die schöne Prozession beobachten, wie das Rudel, von einem Alttier angeführt, gemächlich auf die Weiden einzieht, um schließlich seinen Tageseinstand zu erreichen. **Die Beobachtung dieser friedlichen Szenerie** sollte jedenfalls der Lohn sein für den Pirschgang ins Revier des Rotwilds. Damit es zum Schuss oder zu Schüssen kommen kann, bedarf es noch glücklicher Fügungen: Dass man ein Muttertier und allenfalls sein Kalb vereinzelt antrifft, sodass es für den Abschuss keine Zeugen gibt. Dass man sich sicher sein kann, zuerst das Kalb und dann das Muttertier zu schießen. Dass Licht und Entfernung passen.

Eine Menge Bedingungen sind das, die bei ethisch einwandfrei gepolten Jägerinnen und Jägern dazu führen, dass stets wenig und nie zu unbedacht geschossen wird. Denn jeder Schuss ist eine äußerst ernste Sache.

KAHLWILD

Dabei handelt es sich um Rotwild ohne Gehörn, also um Tiere und Hirschkälber. Die Jagd auf Kahlwild ist im Hinblick auf Trophäen aussichtslos, im Hinblick auf intakte Rotwildpopulationen mit einem guten Verhältnis zwischen weiblichen und männlichen Stücken aber geboten.

Außerhalb der Brunftzeit leben Hirsche harmonisch in Rudeln miteinander. Was sich aber radikal ändert, sobald die Zeit der Fortpflanzung und der Behauptung der Brunftplätze gekommen ist. Dann dulden die dominanten Hirsche keine Geschlechtsgenossen neben sich und verteidigen ihr Revier höchst entschlossen. Auf einem Platz soll es nur einen geben, der die Tiere bespringt und seine Gene weitergibt.

GAMS WILD

Eine junge Geiß, erkennbar an den mäßig gebogenen und schlanken Krucken.

Als Wappentier zahlreicher Gebirgsregionen und -gemeinden ist die Gams das Alpenwild schechthin. Die Jagd darauf hat eine lange Tradition und eine bis heute lebendige Geschichte.

GEWICHT UND GRÖSSE
Gamsbock: 30 bis 35 kg
Gamsgeiß: 20 bis 25 kg
Gamskitz: ca. 12 kg (im Spätherbst)

VERMEHRUNG
1 Kitz, selten 2 Kitze

TRAGZEIT
26 Wochen

SETZZEIT
Ende Mai bis Juni

LEBENSERWARTUNG
männlich bis zu 15 Jahre
weiblich bis zu 20 Jahre

BESTAND IN MITTELEUROPA
stabil

JAGDERFOLG IN ÖSTERREICH (2017)
Gesamt: 21 084 Stück
9 265 Böcke
8 875 Geißen
2 908 Kitze

VERFÜGBARKEIT DES FRISCHEN WILDBRETS
Juli bis Dezember

JÄNNER
Brunft
Jagd
OKTOBER
APRIL
Jagd
Nachwuchs
AUGUST

TIERKUNDLICHES ___ Beim Gamswild treffen wir auf beeindruckende Geschöpfe. Gämsen sind Muster an Genügsamkeit und doch sehr leistungsfähig, zeigen ein besonderes Sozialverhalten und haben sich einen Lebensraum erschlossen, in dem sonst nur noch Steinwild und Murmeltiere ein Auslangen finden. Dazu ist **Gamswild sehr typisch für den Alpenraum.** Zwar kommt es auch in anderen Gebirgsregionen wie am Balkan und in den Karpaten, in Anatolien oder sogar in Mittelitalien vor – enge Verwandte der alpinen Gämsen besiedeln die Pyrenäen –, aber die mit Abstand größten Populationen sind in den Zentralalpen heimisch.

Die körperlichen Tugenden der Gämsen zeigen sich in einem ziemlich konkurrenzlosen Talent für die Bewegung im Fels, mit Trittsicherheit in Schnee und Eis und enormer Ausdauer. Das hat mit dem gedrungenen Körperbau, den vergleichsweise langen Beinen und den erstklassigen Steigwerkzeugen der Gämsen zu tun. Mit ihren schlanken, an den Rändern harten Zehen finden sie auch noch in engen Felsritzen Halt, und weil sie die Zehen weit spreizen können, sinken sie bei der Wanderung über Schnee nicht tief ein. Dazu haben Gämsen einen extrem effizienten Blutkreislauf und damit beste Sauerstoffversorgung der Muskulatur. **Bei einer Pulsfrequenz von 200 ist Gamswild lang noch nicht im Leistungsstress.**

LEBENSART ___ Die Geißen des Gamswilds leben mit ihren Kitzen in Rudeln und haben ein für ihren speziellen Lebensraum geeignetes Sozialverhalten bei der Nachwuchspflege entwickelt. Um an nahrhafte Kräuter, Gräser, Triebe, Knospen und Flechten heranzukommen, muss viel gestiegen und geklettert werden, was junge Kitze überfordern würde. Deshalb bleiben diese unter der Obhut von einigen wenigen Geißen zurück, während die anderen Geißen ihre Weidegänge absolvieren.

Alte **Gamsböcke sind üblicherweise Einzelgänger** und gesellen sich erst dann zu den Rudeln, wenn es um die Fortpflanzung geht. Diese Brunftzeit ist beim Gamswild spät im Jahr, nämlich Mitte November bis Anfang Dezember. Dann kommt es wie beim Rotwild zu Brunftkämpfen, um die Rangordnung festzustellen und das Recht zum Bespringen der Geißen zu verteidigen oder zu erobern. Dem voraus geht ein Markieren des eigenen oder vermeintlich eigenen Territoriums, wofür Gamsböcke in der Bruft ein nach Moschus riechendes Sekret produzieren, das über Drüsen hinter dem Gehörn – den „Brunftfeigen" – abgesondert und auf Sträucher, Latschen und andere passenden Stellen appliziert wird. Wenn derartige Duftmarken nicht Argument genug sind, geht es früher oder später Mann gegen Mann, wobei die Böcke ein spektakuläres Imponiergehabe an den Tag legen – mit dem Aufstellen der Rückenhaare (dem sogenannten Gamsbart) und der Absonderung höchst eigenartiger Geräusche, die man in der Jägersprache „Blädern" nennt und die am ehesten eine phonetische Analogie zur ungenierten Flatulenz anderer Lebewesen aufweist.

Gut zu beobachten sind Gämsen vor allem dort, wo sie von Menschen nichts zu befürchten haben. Unweit von Straßen kann man oft große Rudel sehen, die sich mit schöner Regelmäßigkeit auf denselben Wiesen zeigen. Auf der Hohen Wand in Niederösterreich – dem östlichsten Zacken der Alpen, der im Gegensatz zu seinem verheißungsvollen

Ein ausgelöster Gamsrücken – wunderbar zu braten, aber auch luftgetrocknet ein Hochgenuss.

Namen nur wenig über tausend Meter hoch ist – haben sich Gämsen angesiedelt, die Spaziergänger bis auf Steinwurfdistanz an sich herankommen lassen oder seelenruhig auf ihren Felsen in der Wand liegen bleiben, während keine zwanzig Höhenmeter über ihnen die Spaziergänger den Naturpark durchstreifen. Wer aber in einem Revier unterwegs ist, in dem Gamswild keinen vertrauten Zustand zum Menschen entwickelt hat, **muss äußerst behutsam pirschen, um einen Anblick zu erhaschen.**

Außer natürlich, die Gämsen haben so viel Distanz zwischen sich und der menschlichen Bedrohung, dass sie sich sicher fühlen. Wie groß diese Distanz zu sein hat, wissen Gämsen erstaunlich gut abschätzen. Es wird von Pirschgängen berichtet, bei denen Jägerinnen und Jäger stundenlang versucht haben, auf Schussweite an das Wild heranzukommen, um am Ende einigermaßen erledigt zur Kenntnis nehmen zu müssen, dass die Gämsen bei aller Gelassenheit in der Fortbewegung den Sicherheitsabstand komplett unter Kontrolle hatten.

BEOBACHTUNG ___ Dabei sind Gämsen eine Wildgattung, die sich grundsätzlich gut beobachten lässt, wenn man im Anpirschen geübt ist. Im Gegensatz zu Rotwild oder Schwarzwild sind Gämsen tagaktive Tiere. Mittags legen sie sich üblicherweise für ein paar Stunden zur Ruhe, aber abgesehen davon sind sie bei gutem Licht ziemlich viel unterwegs. Im Winter, wenn Gamswild über schneebedeckte Hänge zieht, ist es recht leicht auszumachen. Das Winterfell der Gämsen ist dunkel, hart an der Grenze zu reinem Schwarz, das hebt sich von der Winterlandschaft bestens ab. Dergleichen Anblick ist dennoch selten, da sich Gamswild im Winterkleid gern dorthin zurückzieht, wo es leichter

Gämsen sind vor allem dort gut zu beobachten, wo sie vor Menschen nichts zu fürchten haben. Wer im Jagdrevier einen Anblick erhaschen will, muss behutsam pirschen.

Nahrung findet, nämlich in die Wälder. Man spricht dann **von der Waldgams, im Gegensatz zur Gratgams,** die auf Felsen herumturnt und gelegentlich auch so malerisch zu betrachten ist, wie die Gams im Wappen der Alpenmetropole Kitzbühel.

Gegen Ende des Frühlings wechseln die Gämsen auf ihr Sommerfell, das zwischen stumpfem Gelb und mattem Braun changiert. Das sind genau die Farben, die auf den felsdurchsetzten Wiesen und Matten das Landschaftsbild prägen. Nur wer durch Erfahrung und Eifer sein **Auge auf dieses Erscheinungsbild kalibriert hat,** wird scheue Gämsen erspähen können, bevor sie sich unauffällig absentieren.

GEBÄUDE
Bezeichnet den Körperbau von Wildtieren. Am Gebäude kann der Experte häufig ablesen, ob es sich um ein junges oder altes Stück handelt und ob das Stück in guter oder schlechter Verfassung ist.

BEJAGUNG ___ Das frühzeitige Erkennen des Wildes ist essenziell für die Jagd und Beobachtung der Gämsen, denn Gamswild wird fast ausschließlich **bei der Pirsch bejagt und nur in seltenen Ausnahmefällen im Ansitzen.** Die Annäherung auf Schussdistanz erfordert höchste Umsicht, denn Gämsen sind wachsam, neugierig und schlau. Wer von den Gämsen mehr als einen Warnpfiff und ein paar abenteuerliche Sprünge mitbekommen will, darf sich bei der Pirsch keine Fehler erlauben. Erschwert wird die Jagd auf Gamswild durch die große Ähnlichkeit von weiblichen und männlichen Vertretern der Gattung. Da beide Geschlechter ein Gehörn tragen – sogenannte Krucken –, erfordert das Ansprechen einige Sorgfalt. Ob Bock oder Geiß lässt sich unter anderem an der Biegung der Krucken feststellen, die beim männlichen Gamswild deutlicher ausfällt als beim weiblichen. Das allein ist aber noch kein sicheres Zeichen, um welche Art Gams es sich handelt. Im Winterfell deklarieren sich Gamsböcke durch Haarbüschel am Geschlechtsteil, dem sogenannten Pinsel. Abgesehen davon erfordert es eine ganzheitliche Betrachtung des Individuums – des → Gebäudes, der Fellzeichnung und Farbe, der Stärke und Biegung der Krucken, der Rückenkrümmung und Bauchlinie –, um Geschlecht, Alter und Kondition des beobachteten Stücks einzuschätzen. Selbst Experten liegen bei der Beurteilung von ein und derselben Gams oft auseinander.

Was dem Gamsbestand in einem Revier entnommen werden muss bzw. werden darf, **regeln auch bei dieser Wildgattung die Abschusspläne.** Gut veranlagte Böcke in einem Alter von drei bis sieben Jahren sind dabei üblicherweise zu schonen. Gesunde, nicht führende Geißen unterliegen diesem Schutz bis zu einem Alter von etwa zehn Jahren.

Gamswild

SCHWARZ WILD

Eine Bache auf Winterspaziergang. Wo Schwarzwild nichts zu fürchten hat, ist es auch untertags unterwegs.

Schwarzwild stellt die Landwirtschaft und Jägerschaft vor große Aufgaben, denn die Schweine haben sprichwörtlich guten Appetit auf agrarische Erzeugnisse. Dazu verstehen sie es meisterhaft, den Menschen aus dem Weg zu gehen.

GEWICHT UND GRÖSSE
Keiler: bis 150 kg
Bache: bis 100 kg
Frischling: ca. 25 kg (im Spätherbst)

VERMEHRUNG
6 – 12 Frischlinge

TRAGZEIT
3 Monate, 3 Wochen und 3 Tage

FRISCHZEIT
März bis April (ganzjährig möglich)

LEBENSERWARTUNG
männlich bis zu 10 Jahre
weiblich bis zu 10 Jahre

BESTAND IN MITTELEUROPA
stabil

JAGDERFOLG IN ÖSTERREICH (2017)
Gesamt: 30 594 Stück

VERFÜGBARKEIT DES FRISCHEN WILDBRETS
ganzjährig

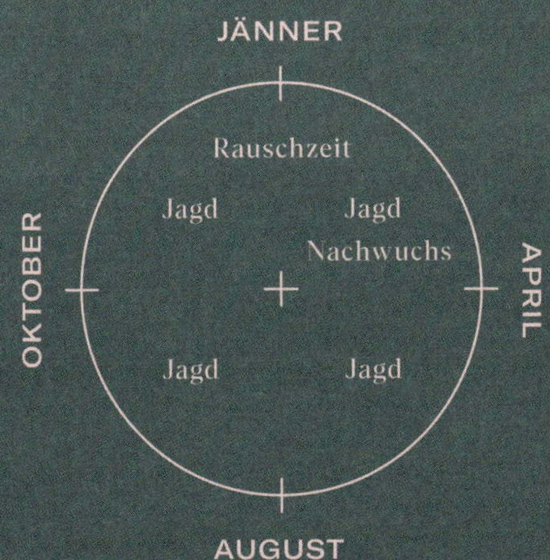

HISTORISCHES UND TIERKUNDLICHES ___ Dem Wildschwein hat die Menschheit sein wertvollstes Nutztier zu verdanken. Vor etwa 10 000 Jahren gelang es in verschiedenen Bereichen Eurasiens, Wildschweine zu domestizieren. Seither werden Schweine gezüchtet und mit beständig wachsender Begeisterung gegessen. Schweinefleisch ist die mit Abstand beliebteste Fleischsorte weltweit, in Österreich und Deutschland entfällt mehr als die Hälfte des Fleischkonsums auf Schweinefleisch.

Trotz der Jahrtausende an Separierung haben die zahmen und wilden Schweine zahlreiche Gemeinsamkeiten. Vor allem: Sie verfügen über einen hervorragenden Appetit und sind nicht wählerisch bei der Ernährung. Das macht sie **als Zuchttiere nützlich, als Wildtiere allerdings problematisch.** Schwarzwild durchwühlt auf der Suche nach Wurzeln, Knollen, Würmern und Engerlingen den Boden. Wenn das auf landwirtschaftlich genutzten Flächen passiert, hinterlässt es eine Spur der Verwüstung von beträchtlichem Ausmaß: Eine Rotte Wildschweine – das ist eine Gemeinschaft von zehn bis zwölf Tieren – kann in einer einzigen Nacht die Fläche von der Größe eines Fußballfeldes durchwühlen.

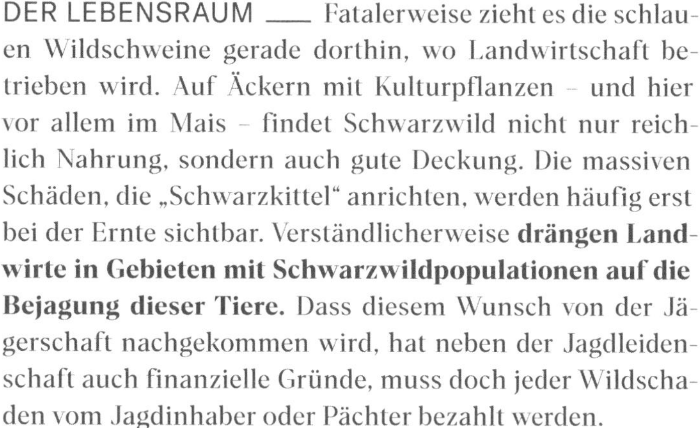

DER LEBENSRAUM ___ Fatalerweise zieht es die schlauen Wildschweine gerade dorthin, wo Landwirtschaft betrieben wird. Auf Äckern mit Kulturpflanzen – und hier vor allem im Mais – findet Schwarzwild nicht nur reichlich Nahrung, sondern auch gute Deckung. Die massiven Schäden, die „Schwarzkittel" anrichten, werden häufig erst bei der Ernte sichtbar. Verständlicherweise **drängen Landwirte in Gebieten mit Schwarzwildpopulationen auf die Bejagung dieser Tiere.** Dass diesem Wunsch von der Jägerschaft nachgekommen wird, hat neben der Jagdleidenschaft auch finanzielle Gründe, muss doch jeder Wildschaden vom Jagdinhaber oder Pächter bezahlt werden.

Das Problem der Wildschäden betrifft vor allem Regionen mit intensiver Landwirtschaft. Wildschweine sind aber so gut wie weltweit und auch abseits der Zivilisationen unterwegs. Die natürliche Verbreitung erstreckt sich über gesamt Eurasien mit Ausnahme der Arabischen Halbinsel und Westchinas sowie der hohen Breiten, in denen der gefrorene Boden im Winter den Schweinen keinen Zugang zu Nahrung bietet. Schwarzwild ist auch in Japan, Nordafrika und entlang des Nils heimisch. Nach Australien, Neuguinea,Nordamerika und Argentinien wurden Wildschweine zu Jagdzwecken importiert und haben sich auch dort bestens etabliert. In Österreich findet man Schwarzwild überwiegend in den östlichen Bundesländern mit Misch-

RAUSCH
Als „Rauschzeit" bezeichnet die Jägerschaft die Paarungsperiode des Schwarzwilds. Den Beginn legt das weibliche Führungstier einer Rotte fest. Erst wenn dieses „rauschig" wird, geben sich auch die anderen Bachen paarungsbereit.

wäldern, einzelne Tiere oder Rotten wandern aber auch gegen Westen und wurden dort auch schon auf 1500 Meter Höhe angetroffen.

LEBENSART ___ Schwarzwild lebt grundsätzlich dämmerungs- und nachtaktiv sowie gesellig. Die weiblichen Tiere – Bachen – bilden mit ihren Jungen – den Frischlingen – sowie den einjährigen Tieren, die man „Überläufer" nennt, eine Rotte. **Keiler – also männliche Wildschweine – werden in solchen Rotten nicht geduldet.** Sie gesellen sich erst in jenen Wochen zur restlichen Schwarzwildpopulation, wenn die Zeit zur Paarung gekommen ist, in der sogenannten → Rauschzeit. Zuvor wird auch bei dieser Wildgattung in Kämpfen festgelegt, wem das Vorrecht der Vererbung zukommt. Dabei setzen die Keiler auch ihre Hauer ein. Diese Eckzähne des Unterkiefers, die gemeinsam mit jenen des Oberkiefers – den „Haderern" – das „Gewaff" oder „die Waffen" des Keilers bilden, können bis zu 24 cm lang werden und sind mitunter messerscharf.

Schwarzwildkeiler sind zwar das ganze Jahr zeugungsbereit und -fähig, doch müssen sie mit diesem Geschäft warten, bis die Bachen „rauschig" werden, also befruchtbar sind. Einem seltsamen Phänomen entsprechend bestimmt diesen Zeitpunkt das Führungstier einer Rotte. Erst wenn dieses in den Rausch gerät, werden auch die anderen Bachen bereit für die Empfängnis. Fällt die Leitbache aus welchen Umständen auch immer aus, verliert sich die Synchronität der Rauschigkeit und die Bachen werden zu unterschiedlichen Zeiten rauschig, was sich äußerst nachteilig auf die Reproduktion auswirkt.

Bei intakter Struktur der Rotte kommen die Frischlinge etwa im März zur Welt. Für den Geburtsakt und den ersten Lebensabschnitt des Nachwuchses **bauen die Bachen sogenannte Wurfkessel,** das sind von Wurzeln, Ästen oder Altholz geschützte Mulden, die mit Moos, Gras und Zweigen ausgepolstert werden. In diesem Wurfkessel bleiben die Jungen zehn bis zwölf Tage und werden etwa zweimal pro Tag von der Mutter gesäugt. Schon nach etwa zwei Wochen sind die Frischlinge fit genug, um den Bachen auf der Nahrungssuche zu folgen.

In Rotten herrschen klare Hierarchien. Die erfahrenste Bache führt die Gemeinschaft, fällt das Leittier aus, nimmt seinen Platz eine andere alte Bache ein oder die Rotte verstreut sich und die einzelnen Tiere schließen sich anderen Rotten an.

Auch wenn Wildschweine Allesfresser sind und sogar Kaninchenbauten aufbrechen, um die darin befindlichen Jungtiere zu fressen, müssen sie viel unterwegs sein, um ihren Energiebedarf zu decken. Deshalb kommt den sogenannten Mastjahren besondere Bedeutung zu. Mastjahre sind solche, in denen Buchen oder Eichen reichlich Früchte tragen, was beim einzelnen Baum nur alle fünf bis acht

Schwarzwild pflegt ein streng geregeltes Sozialleben: Keiler werden bei Bachen und Frischlingen nicht geduldet; wann es Zeit zur Paarung ist, bestimmt das weibliche Führungstier der Rotte.

Jahre geschieht. Eicheln und Bucheckern sind Nüsse und haben wie alle Nüsse einen hohen Fettgehalt, was dem Schwarzwild die Gelegenheit bietet, sich bei einem reichlichen Vorkommen dieser Baumfrüchte zu „mästen".

BEOBACHTUNG ___ Die Eigenart, dass Schwarzwild untertags in der Deckung bleibt, macht die Beobachtung von Wildschweinen schwierig. Hilfreich dabei ist unvermutet die ausgeprägte Intelligenz der Tiere. Wo sie von Menschen nichts zu befürchten haben, zeigen sie sich häufig und fallweise völlig ungeniert. Beispielsweise müssen Besucher mancher Wildparks gut darauf achten, dass ihnen Wildschweine nicht an die Picknickkörbe gehen. Auch zieht es **Schwarzwild vermehrt in Siedlungsgebiete,** wo sie Flurschäden in Friedhöfen, Gärten und Parks anrichten. Berlin gilt mittlerweile als „Hauptstadt des Schwarzwilds". Der fragwürdige Bestand belief sich zeitweise auf bis zu 10 000 Exemplare, wobei sich einige davon bis ins Stadtzentrum bewegten. Am Wiener Stadtrand, der sich streckenweise mit dem Nationalpark Donau-Auen überschneidet, sieht man sich genötigt, Problemschweine mit Fallen zu fangen und in artgerechtere Reviere zu übersiedeln.

Fleisch vom Wildschwein – dem deutlich besseren Schwein, wenn es um die Zubereitung schmackhafter Gerichte geht.

BEJAGUNG ___ Wo Schwarzwild den Menschen nicht von seiner ungefährlichen Seite kennen und schätzen gelernt hat, verhält es sich scheu und umsichtig. Das macht die Bejagung schwierig. Um die Bestandsregulierung überhaupt aussichtsreich zu machen, hat das Jagdgesetz spezielle Möglichkeiten geschaffen. So **darf Schwarzwild das ganze Jahr über bejagt werden.** Mit Ausnahme führender Bachen, die mit regionalen Unterschieden überwiegend erst im Spätsommer der Nachstellung durch Jägerinnen und Jäger ausgesetzt werden. Weiters ist bei Schwarzwild erlaubt, was bei anderen Wildgattungen streng verboten und verpönt ist: das Anfüttern.

Dieses in der Jägersprache „Ankirren" genannte Lockmittel ist vielfach die einzige Möglichkeit, Schwarzwild aus der Deckung zu holen. Landesjagdrechtlich wird festgelegt, ob, wo und wann angekirrt werden darf. Den Jägerinnen und Jägern auf Schwarzwild bleibt dann nur zu hoffen, dass im betreffenden Zeitraum das Wetter passt. **Helle Mondnächte sind gute Voraussetzungen** für erfolgreiche Jagden auf Schwarzwild, wobei man aber auch in diesen nicht von gutem Büchsenlicht sprechen kann. Eine technische Hilfe bieten Nachtsichtgeräte. Mit diesen lässt sich vergleichsweise leicht feststellen, was sich vor dem Glas herumtreibt. Für den Schuss an sich sind Jägerinnen und Jäger aber nach wie vor auf lichtstarke Zielfernrohre angewiesen. Noch gestatten die Jagdgesetze den Einsatz von Nachtsichttechnik auf der Waffe nicht. Gute Gründe sprächen dafür, auch in dieser Hinsicht die technischen Möglichkeiten zu nutzen. Die Diskussion und Willensbildung ist aber noch nicht abgeschlossen.

Eine weitere Form der Bejagung ist die herbstliche Treibjagd. Dabei umstellen Jägerinnen und Jäger ein Gebiet, in dem Schwarzwild vermutet wird, und treiben den Einstand mit Hunden durch. Das auswechselnde Wild kann dann erlegt werden. **Diese Jagden finden ausschließlich im Spätherbst statt,** wenn die meisten Frischlinge schon um die 25 kg wiegen und nicht mehr von den Bachen abhängig sind.

Auf der Flucht ist Schwarzwild selten. Meist versteht es sich hervorragend darauf, den Kontakt mit Menschen, die ihm schaden könnten zu vermeiden.

MURMEL TIER

Auf Wachposten. Droht Gefahr, wird die Murmeltierkolonie durch einen Pfiff gewarnt. Sekundenschnell verschwinden dann die Tiere in den Röhren ihrer Baue.

Die possierlichen Wesen graben Baue mit vielen Meter langen Röhren und verbringen darin 90 % ihrer Lebenszeit. Wo die Kolonien zu groß werden, muss auch im Sinne der Populationserhaltung jagdlich eingegriffen werden.

GEWICHT UND GRÖSSE
Bär: bis 5,5 kg
Katze: bis 5,5 kg
Affe: etwa 3,5 kg (im Spätherbst)

VERMEHRUNG
2 bis 6 Junge

WURFZEIT
Ende Mai bis Anfang Juni

LEBENSERWARTUNG
bis 10 Jahre

JAGDERFOLG IN ÖSTERREICH (2017)
Gesamt: 6 868 Stück

VERFÜGBARKEIT DES FRISCHEN WILDBRETS
August bis Oktober

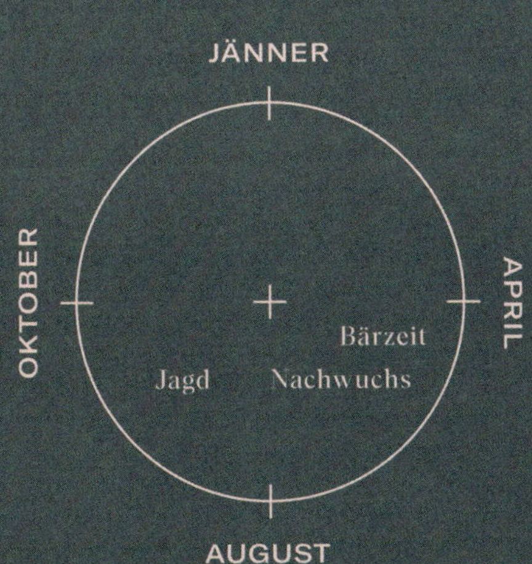

BÄRZEIT
Das ist die Zeit der Paarung bei Murmeltieren. Als „Bären" werden männliche Murmeltiere bezeichnet, als „Katzen" weibliche, und die Jungen nennen Jägerinnen und Jäger „Affen".

TIERKUNDLICHES UND LEBENSRAUM ___ Zoologisch betrachtet handelt es sich bei Murmeltieren um Hörnchen. Genauer: um Echte Erdhörnchen. Davon gibt es elf Arten mit einer Verbreitung rund um den Erdball von der Mongolei bis in den Westen Kanadas. **Ihre Verwandtschaft erstreckt sich artenmäßig vom Präriehund bis zum Ziesel** und selbst in der Gattung der Murmeltiere gibt es wieder 15 Arten. Die an dieser Stelle interessante ist die des Alpenmurmeltiers.

Das Alpenmurmeltier ist mit einer Körperlänge von bis zu 60 cm und einem Schwanz von bis zu 25 cm eines der größten Tiere seiner Familie und nach dem Stachelschwein und dem Biber das größte Nagetier in unserer Region. Wie sein Name sagt, besiedelt es den Alpenraum, wobei sein Habitat oberhalb der Baumgrenze liegt und bis an den Gletscherrand reichen kann. Außerhalb der Alpen kommt es in den Karpaten, in der Hohen Tatra und in den Pyrenäen vor, wo es angesiedelt wurde. Auch im Schwarzwald kennt man eine Kolonie.

LEBENSART ___ Die allermeisten Erdhörnchen leben in Erdhöhlen und so auch das Alpenmurmeltier. Um diese Baue mit ihren kräftigen Pfoten graben zu können, benötigen Murmeltiere tiefgrundigen Boden, wie er auf Almwiesen häufig zu finden ist. Beobachtungen haben ergeben, dass **Alpenmurmeltiere etwa 90 % ihrer Lebenszeit innerhalb der Baue verbringen,** was auch damit zusammenhängt, dass Alpenmurmeltiere einen ausgedehnten Winterschlaf halten, um die Zeit ohne Nahrungsangebot zu überdauern. Dieser Winterschlaf währt etwa von Oktober bis April, wenn die Wiesen von Schnee bedeckt sind. Davor nehmen Alpenmurmeltiere viel Nahrung mit mehrfach ungesättigten Fettsäuren auf und schaffen sich in dieser „Feistzeit" die Energiereserven, durch die sie die lange Zeit ohne Nahrung überstehen können.

Auch der Bau wird für den Winterschlaf vorbereitet, indem die Murmeltiere abgestorbene Pflanzen zur Isolierung in die Höhlen eintragen und die Öffnung schließlich mit einem massiven Pfropfen aus Pflanzenmaterial, Erdreich und Kot verschließen.

Die Kessel der Baue, also die eigentlichen Wohnräume, sind meist so angelegt, dass ein langer Gang in das Erdinnere führt und das letzte Stück wieder leicht ansteigt. Das macht die Kammern weitgehend trocken und frostsicher. In diesen Kammern **überwintern Murmeltiere im Familienverband,** wodurch sich die verfügbare Körperwärme innerhalb des Baus summiert. Die besten Überlebenschancen bestehen für die in einem Bau überwinternden

Tiere, wenn drei Generationen einer Familie gemeinsam in den Winterschlaf gehen. Während des Schlafs reduzieren Alpenmurmeltiere ihren Stoffwechsel und andere Körperfunktionen drastisch. So werden Herzschlag und Atmung auf eine Frequenz von etwa fünf Schlägen bzw. Atemzügen in der Minute abgesenkt.

Murmeltiere haben ihre Fortpflanzungszeit – in der Jagdsprache: die → Bärzeit – unmittelbar nach Verlassen des Baus im Frühjahr. Nach einer Tragzeit von nur fünf Wochen kommen die Jungen zur Welt. Die ersten sechs Lebenswochen verbringen die jungen Murmeltiere im Bau. Sobald sie diesen verlassen, beginnen sie vehement mit der Nahrungsaufnahme, um **Fett für die Wintermonate aufzubauen.** Wenn die Nahrungsaufnahme witterungsbedingt eingeschränkt ist, bestehen nur geringe Chancen, dass die Tiere den Winter überstehen.

Murmeltiere leben in Kolonien und innerhalb dieser wieder in Familien, die ein Territorium beanspruchen. Diesen Lebensraum markieren die ranghöchsten Tiere der Familie mit einem stark riechenden Sekret, das sie aus Wangendrüsen bilden. Tiere, die nicht der Familie angehören, werden entschlossen vertrieben, nur Jungtiere fallweise akzeptiert.

Die bekannte Wachsamkeit der Murmeltiere erstreckt sich vor allem auf Fressfeinde, von denen ihnen der Adler am gefährlichsten werden kann. Der Rückgang der Adlerbestände und die Tatsache, dass Adler nur unerfahrene Murmeltiere erwischen können und sich lieber um leichter erreichbare Nahrung wie Fallwild, Haustiere oder schwache bzw. kranke Wildtiere umsehen, lässt die **Murmeltierpopulationen im Alpenraum stabil** bleiben. Füchse können ausgewachsenen Murmeltieren eher nicht gefährlich werden. Um ihre Familie oder Kolonie zu warnen, geben Murmeltiere laute Pfiffe ab. Wo sie sich unbedroht fühlen, werden Murmeltiere auch sehr zutraulich und scheuen den Menschen nicht.

Murmeltiere leben recht gesellig und verbringen viel Zeit mit gegenseitiger Fellpflege. Dadurch können sich innerhalb der Populationen Parasiten leicht ausbreiten. Bei hoher Populationsdichte kommt es häufig vor, dass sich Krankheiten epidemisch entwickeln und ganze Familien dahinraffen.

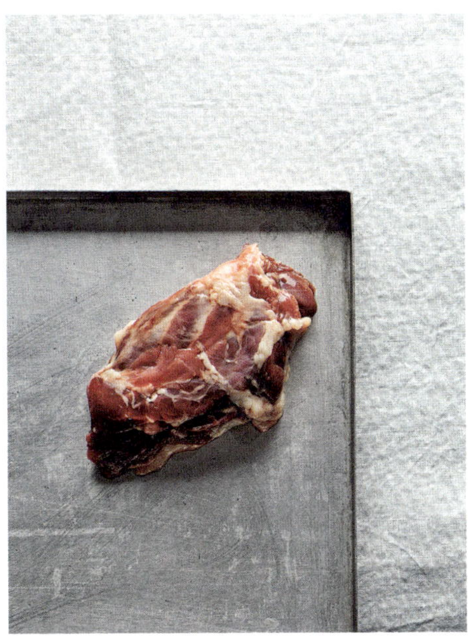

Fleisch vom Murmeltier erfordert viel Zuwendung vom Koch oder der Köchin, ist aber die Grundlage köstlicher Ragoutgerichte.

BEJAGUNG ___ Die Regulierung der Populationsdichte ist auch ein gewichtiges Argument für die kontrollierte Bejagung der Murmeltiere. Beobachtungen haben gezeigt, dass in Gebieten **ohne Bestandsreduktion ganze Kolonien ausgestorben** sind, was auf Überpopulation und davon begünstigt das Auftreten von Seuchen zurückgeführt wird. Auch besteht seitens der Almwirtschaft ein Interesse an der Beschränkung von Murmeltierpopulationen. Murmeltiere graben ihre Baue bis zu sieben Meter in die Tiefe und fördern dabei Aushubmaterial in der Dimension von mehreren Kubikmetern an die Oberfläche. Das und die Unterminierung des Weidebodens kann die Bewirtschaftung der Almen massiv erschweren.

Die Jagd auf Murmeltiere ist eine durchaus anspruchsvolle Angelegenheit, da das Ansprechen der Stücke Erfahrung erfordert. Weibliche und männliche Tiere unterscheiden sich voneinander nicht wesentlich, überdies müssen führende Katzen (wie man die weiblichen Murmeltiere nennt) geschont werden. Da Katzen nur jedes zweite Jahr an der Paarung teilnehmen, besteht immer wieder die Gelegenheit, nicht führende Katzen zu erlegen.

Die Murmeltierjagd wird immer dort im Revier ausgeübt, **wo genügend Tiere in Baunähe vorhanden sind.** Bei schwachen Familienverbänden wird geschont, nur bei starken Gruppen werden verantwortungsbewusste Jägerinnen und Jäger Murmeltiere entnehmen. Die Abschusspläne für Murmeltiere beziffern nur Höchstabschüsse, Mindestabschüsse werden von der Behörde nicht vorgeschrieben.

Neben dem Wildbret von Murmeltieren wird vor allem in Westösterreich und Teilen der Schweiz das hochwertige Fett geschätzt, das als Rohstoff für die Herstellung von Salben dient.

Die Größe und Zusammensetzung von Murmeltierpopulationen entscheidet über die Bestandsaussichten. Sind zu viele Tiere in einer Kolonie, können sich Krankheiten und Parasiten epidemisch ausbreiten. Die maßvolle Bestandsregulierung ist in solchen Fällen ein Beitrag zum Überleben der Population.

Murmeltier

STEIN WILD

Ein starker Bock. Die Hörner können bis zu einem Meter lang und bis zu 15 kg schwer werden.

Aus mythologischen Gründen, aus Aberglauben und wegen der gewaltigen Trophäen wurde dem Steinwild bis zur fast völligen Ausrottung nachgestellt. In langen Jahren sorgsamer Hege und Wiederansiedlung ist es nun wieder in weiten Bereichen der Alpen anzutreffen. Die Jagd darauf wird heute äußerst zurückhaltend ausgeübt.

GEWICHT UND GRÖSSE
Steinbock: bis 80 kg
Steingeiß: bis 40 kg
Kitz ca. 15 kg (im Spätherbst)

VERMEHRUNG
1 Kitz, selten 2 Kitze

TRAGZEIT
24 Wochen

SETZZEIT
Juni

LEBENSERWARTUNG
männlich bis zu 15 Jahre
weiblich bis zu 20 Jahre

BESTAND IN MITTELEUROPA
stabil

JAGDERFOLG IN ÖSTERREICH (2017)
Gesamt: 619 Stück
283 Böcke
290 Geißen
46 Kitze

VERFÜGBARKEIT DES FRISCHEN WILDBRETS
August bis Dezember

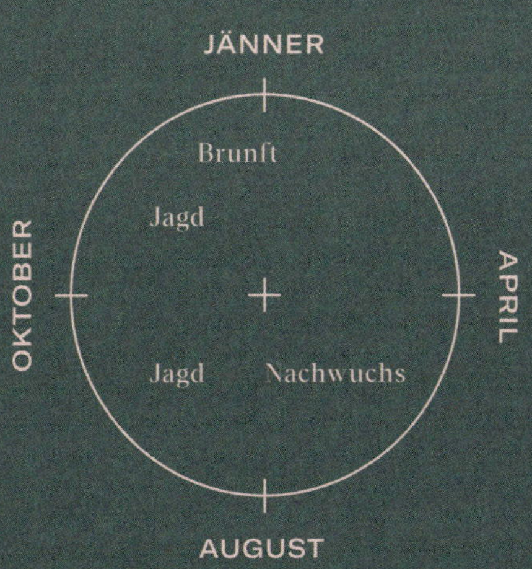

TIERKUNDLICHES — Systematisch betrachtet haben wir es bei den Steinböcken mit Ziegen zu tun. Ziegen sind auf allen Kontinenten anzutreffen und es gibt sie in großer Artenvielfalt – von gezüchteten Zwergziegen, die vor allem niedlich aussehen sollen, bis zum Steinwild. Letzteres **zählt zu den größten Ziegen** und ist gar nicht niedlich. Starke Steinböcke können bis zu 100 kg schwer werden und ein Gehörn von bis zu einem Meter Länge tragen. Damit sind Steinböcke imposante Erscheinungen, und es ist eigentlich recht bemerkenswert, dass der Lebensraum dieser mächtigen Tiere ein überaus karger ist.

Kitze vom Steinwild bilden schon einen Monat nach der Geburt Hornzapfen aus. Wie imposant das Gehörn letztendlich wird, hängt vom Geschlecht ab. Bei Geißen erreicht die Hornlänge selten mehr als 30 cm.

LEBENSRAUM UND LEBENSART — Steinwild lebt in den Alpen in einer Höhe zwischen 1500 und 3500 Metern, also einem extrem unwirtlichen Ambiente. Auch in anderen Felsregionen sind enge Verwandte des Alpensteinbocks heimisch, etwa auf der iberischen Halbinsel, im Kaukasus, in Syrien und Sibirien. Die Lebensräume des Steinwilds gleichen einander in ihrer Ausgesetztheit und Abgeschiedenheit.

Das Leben in derart anspruchsvollen Räumen ermöglicht dem Steinwild ein allen Ziegen eigenes Talent: **Steinböcke und Steingeißen sind extrem gute Kletterer.** Das müssen sie nicht lernen, es wird ihnen von der Natur mitgegeben. Bereits am zweiten Lebenstag können Kitze ihren Müttern in den Fels folgen.

Steinwild lebt üblicherweise in Rudeln. Die Geißen mit ihren Kitzen und den Jährlingen – das sind die Kitze des Vorjahres – bilden meist eine Gemeinschaft. Darin verbleiben häufig auch Böcke bis zum dritten Lebensjahr, ehe sie sich dem Rudel der älteren Böcke anschließen. Diese Männerbünde können mehr als zwanzig Individuen umfassen.

BEWINDEN
Von „Wind bekommen", also etwas mit dem Geruchssinn wahrnehmen.

Der Lebensraum von Steinwild erstreckt sich bis in die höchsten Alpenregionen. Wer dort zur Jagd geht, muss mit Wolken, Wind, Schnee, Eis und Regen rechnen. Gefordert ist im Revier des Steinwilds vor allem Demut vor den Kräften der Natur.

DER JAHRESLAUF —— Im Herbst wird die Rangfolge innerhalb der Steinbock-Population festgelegt. Die **Brunft setzt erst sehr spät gegen Jahresende ein,** doch die dazugehörigen Kämpfe werden schon Monate zuvor ausgetragen. Das hat seinen guten Grund: In Schnee und Eis wären die Fluchten der unterlegenen Kombattanten nicht weniger als lebensgefährlich, weshalb schon deutlich früher im Jahr ermittelt wird, welche als Platzböcke das Vererbungsgeschäft bestreiten dürfen.

Dem zerklüfteten und steilen Lebensraum geschuldet gestalten sich die Kräftemessen zwischen Steinböcken auch deutlich moderater als etwa die Gefechte der Rothirsche. Meist beschränken sie sich auf ein Imponiergehabe mit dem Aufsteigen auf die Hinterläufe und gleichzeitigem Stoßen der Sicheln.

Sobald Klarheit über die Hierarchien unter den Steinböcken geschaffen ist, verlassen die alten Böcke ihr Rudel, um bis zur Brunftzeit allein ihre Fährten zu ziehen. In der Brunft selbst begeben sich die Platzböcke wieder in Gesellschaft, verhalten sich sehr entspannt und beobachten das → Bewinden der Geißen durch die jungen Böcke mit Gelassenheit. Merkt „der Alte“, dass der Zeitpunkt für den Beschlag gekommen ist, geht er zur Geiß, und die jüngeren Böcke müssen weichen.

Wildbret vom Steinbock ist ein seltener Glücksfall für die Küche. Entsprechend behutsam und mit erlesenen Zutaten wird man es zubereiten.

BEOBACHTUNG —— Obwohl sich die Verbreitung des Steinwilds über den gesamten Alpenraum erstreckt, ist es doch ein seltener Anblick. Vor wenig mehr als hundert Jahren nahezu ausgerottet, sind auch heute die Populationen des Alpensteinbocks weit verstreut und gering an Zahl. **Der Gesamtbestand in den Alpen wird auf 45 000 Individuen geschätzt,** die sich auf einen Gebirgszug mit mehr als 1200 km Länge verteilen. Das Beobachten des Steinwilds erfordert neben dem meist mühevollen Aufstieg in hochalpine Regionen also auch Kenntnisse über den Standort der Tiere.

Wer über Ausdauer, Trittsicherheit und das entsprechende Wissen über den Aufenthalt des Steinwilds verfügt, kann zu unvergesslichen Anblicken kommen. Nicht zuletzt, weil Steinwild tagaktiv ist und in Regionen mit Steigen und alpinen Wanderwegen die fallweise Anwesenheit von Menschen akzeptiert. Es ist also häufig gar nicht erforderlich, dem Wild in den Fels nachzusteigen. Wer im Steinwildrevier den Trittspuren folgt und sich diskret verhält, hat Chancen, die prachtvollen Geschöpfe zu beobachten. In einem speziellen Revier sind einige Steingeißen derart zutraulich geworden, dass man mit ihnen die Jause teilen kann bzw. darauf achten muss, dass sich die hemmungs-

Die Jagd auf Steinwild ist selten von Erfolgserlebnissen gekrönt, wird aber stets mit großen Naturerlebnissen belohnt.

losen Tiere nicht an Broten, Äpfeln und sogar der Wurst selbst bedienen. Der Ort, an dem der Verfasser dieser Zeilen dergleichen mehrfach selbst erlebt hat, soll zum Schutz der Privatsphäre der dort heimischen Steinböcke und -geißen nicht genauer bezeichnet werden. Nur so viel: Dort wird seit mehr als 150 Jahren nicht mehr gejagt.

BEJAGUNG ___ Diese Disziplin zählt zum Anspruchsvollsten, dem sich Jägerinnen und Jäger in unseren Breiten stellen können. Um den Lebensraum dieser Spezies zu erreichen, heißt es steigen, steigen, steigen, und jeden Höhenmeter, den man hinter sich gelassen hat, muss man nach der Pirsch wieder zu Tal zurücklegen. Es geht hinauf in **ein Revier, in dem kein Baum und kein Strauch mehr Deckung bietet,** wo die Vegetation nur noch aus mattgrünen und braunen Wiesen besteht und nur noch die robustesten Blütenpflanzen wie Hahnenfuß und Fingerkraut dem Bewuchs ein wenig Farbe geben. Ein paar kümmerliche Flecken mit Latschen mögen auch noch vorhanden sein, ansonsten aber ist das Revier des Steinwilds dominiert vom Fels, auf dem grün, braun und rostrot Algen und Flechten vegetieren. Wer hier auf der Pirsch ist, geht lange Wege, steigt über Geröllhalden auf und über Felswüsten wieder ab, um eine Rinne zu überqueren und dem Standort – häufig nur dem vermeintlichen Standort – des Steinwilds näherzukommen.

Und nicht nur die Topografie erfordert bei der Jagd auf Steinwild Demut vor der Natur. Steinwild lebt in einer Region, in der die Wolken nicht selten auf dem Boden liegen, in der das Wetter in wenigen Minuten umschlagen kann, in der Nebel die Sicht vermindert und in der sehr früh im Jahr der Schnee kommt. Ab August und bis etwa Mitte Dezember darf Steinwild üblicherweise bejagt werden, da bleiben nur wenige aussichtsreiche Wochen, um die wenigen in den Abschussplänen gestatteten Stücke zu erlegen.

Ist der große Schnee erst einmal gefallen, gestaltet sich die Jagd auf Steinwild nahezu aussichtslos. **Im Schnee kommt der Mensch nicht unbemerkt an das Wild heran,** der Schnee gibt dem Steinwild Schutz.

DIE PIRSCH

Mit dem Jäger unterwegs in den Revieren – vom flachen Land bei der Niederwildjagd bis ins Hochgebirge, wo es um die Gams und Rotwild geht. An der Seite des Jägers pirscht der Koch und berichtet aus seiner Perspektive.

Vom Naturerlebnis zum kulinarischen Erlebnis. Wenn der Jäger mit dem Koch unterwegs ist, geht es um mehr als den guten Schuss.

DIE REHJAGD

Im Spätherbst ist es Zeit, den Bestand an Geißen und Kitzen zu regulieren. Für den Jäger ist dabei präzises Ansprechen die höchste Pflicht, denn ab Oktober werfen die Böcke ihr Gehörn ab und können bei oberflächlicher Betrachtung mit weiblichen Rehen verwechselt werden.

RO (Rudi Obauer) ___ Die Hochsaison für Gerichte vom Reh ist für mich spät im Jahr. Der zarte, filigrane Maibock hat zwar auch seine Qualitäten, aber richtig nach Wild schmeckt das Fleisch vom Reh erst im späten Herbst und frühen Winter.

CB (Christoph Burgstaller) ___
Das Laden des Gewehrs ist der Auftakt zum ernsten Teil des Unternehmens. Oft genug habe ich die Patrone ungenutzt wieder aus dem Lauf geholt, weil irgendetwas nicht gepasst hat.

RO ___ Da sind Köche und Köchinnen besser dran. Wenn wir an die Arbeit gehen und die Vorbereitungen ordentlich gemacht haben, wissen wir, was und wann wir liefern können. Zumindest ungefähr.

CB — Die Jagd im Winter ist etwas Spezielles. Mehr noch als zu anderen Jahreszeiten werden mir dabei die Regungen der Natur bewusst. Die nämlich schläft nur scheinbar. Jeder Vogellaut dringt durch die Stille, klar wie ein Signal, das Rauschen des Windes in den Zweigen macht die Hintergrundmusik, und wenn ein trockener Ast unter meinen Füßen knackt, wird mir bewusst, dass ich hier nur zu Gast bin und mich rücksichtsvoller verhalten sollte.

RO — Der Winter hat auch seine Wirkung auf die Genusskultur. In der Küche haben wir mehr Geduld, lassen die Dinge reifen. Bei Tisch nehmen wir uns viel Zeit. So wird jedes Mahl ein Fest.

CB — Rehwild wird meist im Ansitz bejagt. Manchmal muss man aber auch den Spuren der Rehe folgen, um einen Anblick zu bekommen.

SWARO

RO ___ Vor dem Schuss scheint es mir zu sein wie vor dem Start. Höchste Konzentration, Atem anhalten, Körperspannung …

CB ___ Vor dem Schuss ist vor dem Ziel. Mein Atem geht ganz ruhig und in meinem Kopf ist nur das Bild in diesem kleinen runden Ausschnitt von der Welt.

CB ___ Wenn wir unsere Arbeit gut gemacht haben, liegt das erlegte Stück nur wenige Schritte von dem Platz entfernt, an dem es getroffen wurde.

RO — Wenn man nur Rücken und Keulen verwenden würde, wäre nicht viel dran an einem Reh. Man kann aber aus jedem Fleisch vom Reh und auch aus Leber, Lunge, Zunge, Herz und Nieren gute Gerichte zubereiten.

RO ___ Für Außenstehende werden von Jägern unverständliche Rituale gepflegt. Als läge im Weidwerk etwas Mystisches …

CB ___ … was früher ganz sicher der Fall war. Der Mensch war viel mehr als heute der Natur ausgeliefert und hatte das bestimmte Gefühl, sich mit höheren Mächten gut stellen zu müssen. Gerade bei der Jagd, die mitunter sehr gefährlich sein konnte und heute auch fallweise noch gefährlich ist, kann man dieses Bedürfnis nachvollziehen. In der Jagd pflegen wir viele Traditionen, die in der Gegenwart verschiedene Interpretationen zulassen. Der Bruch zum Beispiel war früher eine Geste, durch die sich Jäger mit dem erlegten Wild versöhnen wollten. Nach meinem Verständnis kann man sich mit einem toten Wesen nicht versöhnen. Für mich ist die Arbeit nach dem Schuss und auch die Verabreichung des Bruchs eine Zeremonie, in der ich eine besonders intensive Verbindung mit der Natur herstellen kann. In Demut.

RO — Bei keinem anderen Wild kenne ich so markante Unterschiede in den Jahreszeiten. Für mich hat Reh im Spätherbst Hochsaison.

CB __ Für uns darf nicht wichtig sein, wann Wildbret die höchste kulinarische Qualität oder den höchsten kommerziellen Wert hat.

Unsere Maxime ist die Pflege und Erhaltung der Population gemäß den gesetzlichen Vorgaben. Dafür ist beim Rehwild günstig, wenn spät im Herbst der Bestand an Geißen und Kitzen reguliert wird.

Jagdzeit ist bei jeder Witterung. Wer bei Regen, Schnee und Eis lieber im Haus bleibt, ist für das Weidwerk nicht geschaffen.

Der Jäger wirkt jetzt ganz nachdenklich. „Edles Tier“, sagt er schließlich, „es muss aber sein.“

CB — „Beute" ist ein schlechtes Wort für den Ertrag der Jagd. Wir erbeuten nicht, weil wir nichts Ungerechtes tun. Wir ernten auch nicht, weil wir nicht gesät haben. Wir entnehmen der Natur, um eine Balance im Zusammenleben von Mensch und Wild zu bewahren, die wir ohne Jagd sehr schnell verlieren würden.

Ideal für die gute Küche: Fleisch vom Reh, das auch ein wenig Fett-abdeckung hat.

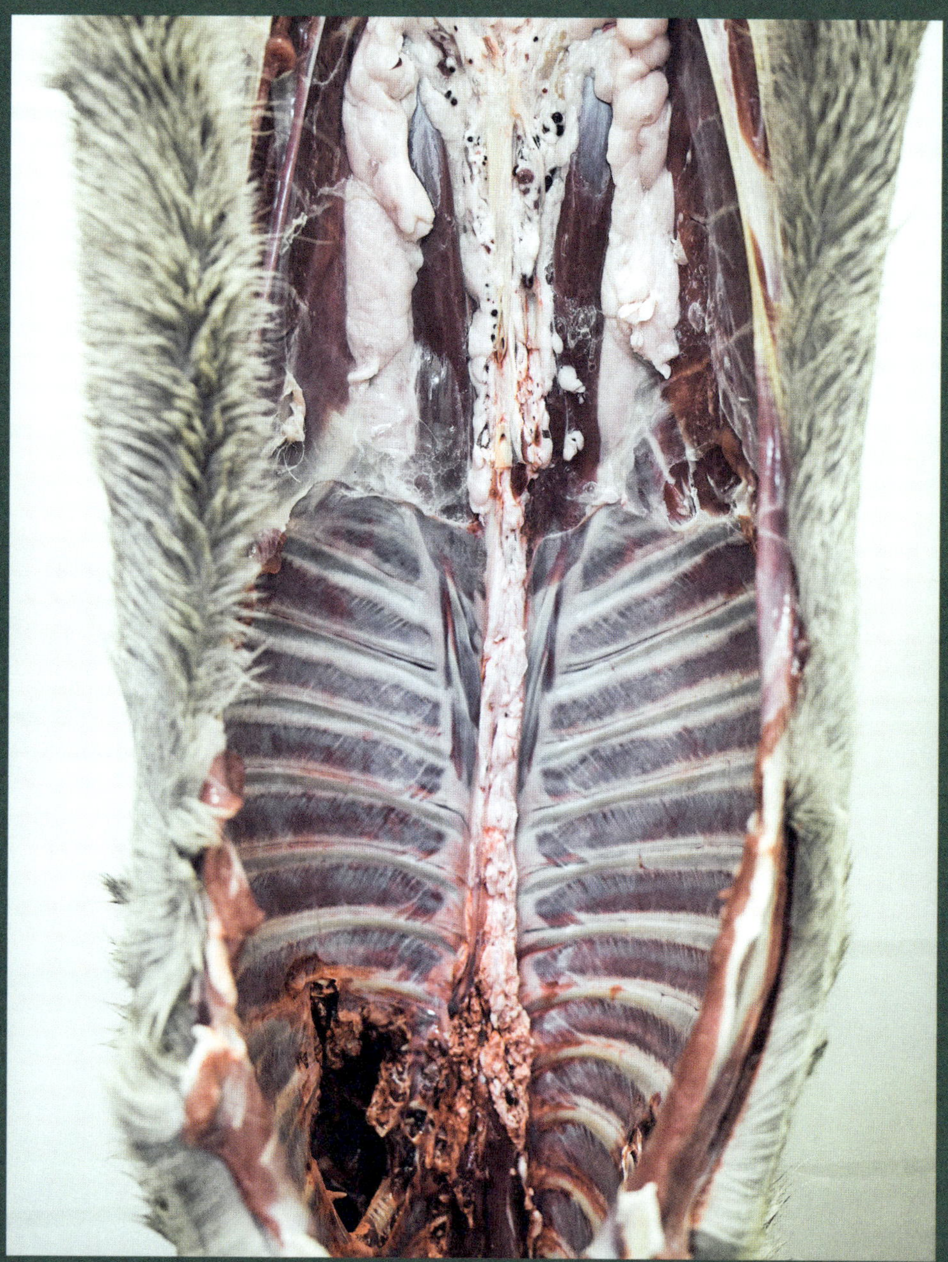

Zwei Stunden warten wir nun schon auf dem Hochstand, und die Rehe, die auf der weiten Weide davor eigentlich ihren Standort haben, lassen sich nicht blicken. Klar und kalt liegt der Morgen auf der Wiese und steckt tief in unseren Knochen, die Fichten hinter uns tragen ein weißes Glitzerkleid vom Schnee der Nacht, und nur allmählich schafft es die Sonne, dem Frost ein wenig beizukommen.

Viel später, als ich mir das gedacht habe, kommt der Jäger zu seinem fachlichen Befund über die Jagdaussichten. „Das wird da nix mehr“, sagt er endlich und packt seine Sachen zusammen. „Schauen wir mal, wohin uns die da führen.“

„Die da“ sind Fährten am gegenüberliegenden Rand der Lichtung, die mir noch gar nicht aufgefallen waren. Wie gezeichnet heben sich die Tritte von Rehen im frischen Schnee ab und weisen in den lichten Wald. Der Jäger ist jetzt ganz im Pirschmodus, folgt der Fährte, und wenn von ihm etwas zu hören ist, dann höchstens das zarte Knistern von gefrorenem Gras und Farn unter seinen Schuhen.

Rehwild lebt standorttreu. Das ist die gute Nachricht für den Jäger. Manchmal sind aber auch Rehe untreu. Das ist dann schlecht für den Jagderfolg.

SCHÜRZE, PINSEL, GEISS ODER BOCK ___ Bald öffnet sich der Wald zu einer weiteren Lichtung. Der Jäger schaut lang durchs Glas, dann deutet er in die Richtung einer Hecke, von der die offene Fläche auf einer Seite begrenzt wird. Davor sind zwei Stück Rehwild auszumachen. Womit genau wir es zu tun haben, ist noch nicht sicher. Der Jäger legt das Glas an einen Stamm und schaut sich den Sachverhalt genauer an. „Das links ist wahrscheinlich ein junger Bock, der sein Geweih schon abgeworfen hat, und rechts steht eine Geiß“, flüstert er und dann noch etwas von Schürze und Pinsel und dass man das Geschlecht der Rehe danach bestimmen könne. „Jedenfalls müssen wir näher ran“, sagt er zum Schluss.

Eine nicht führende Geiß, also ohne Kitz, wäre genau das Stück, das geschossen werden soll. Einfach wird die Sache aber nicht. Der Hauch von Wind kommt genau aus der Richtung der Rehe, das immerhin ist günstig. Die Rehe wirken unruhig, verhoffen immer wieder, rupfen rasch ein paar Gräser aus, schauen dann wieder auf und stellen die Lauscher in alle Richtungen.

GEISS IM FEUER, BOCK IN DER HECKE ___ Ganz bedächtig haben wir uns bis auf dreißig Schritt an die Waldgrenze herangepirscht. Die Rehe sind nun kaum hundert Meter von uns entfernt. Der Jäger studiert den Anblick noch einmal, legt dann seinen Rucksack ganz behutsam in den Schnee und eine Patrone in die Waffe. Dann drückt er den Pirschstecken fest in den Boden, legt an, fixiert den Lauf mit der Linken am Stecken und keine zwei Sekunden später liegt die Geiß im Feuer. Der Bock schreckt hoch und ist mit einem Satz in der Hecke verschwunden.

Wir bleiben noch eine Weile in unserer Deckung, dann gehen wir langsam zu dem erlegten Reh. Der Jäger macht seine Sache mit dem Bruch und wirkt jetzt ganz nachdenklich. „Nehmen wir mit, wie es ist“, sagt er dann, „wollen in dem frisch verschneiten Wald keine unnötigen Spuren hinterlassen.“ Und nach einer Weile sagt er noch: „Edles Tier, es muss aber sein.“

Location: Revier im Pongau,
auf 1000 Meter über NN.
Im November 2018.
Erlegtes Wildtier: Rehgeiß, 18 kg.

Fleisch vom Reh lässt sich sehr variantenreich zubereiten, weil es mit den Jahreszeiten recht unterschiedlich ist: Extrem zart und filigran im Frühling, deutlich kräftiger im Herbst und Winter.

DIE REZEPTE

DIE ROTWILD JAGD

Aufwärts geht es in das Revier des Rotwilds im Nationalpark Hohe Tauern – einem Stück Natur, in dem das Leben hart sein kann, das aber voller Wunder steckt.

Jäger lernen, die Natur mit anderen Augen zu sehen. Wer Kenntnisse über das Wild und seinen Lebensraum erworben hat, geht nicht mehr blind durch die Natur.

CB — Jäger tragen Verantwortung. Nicht nur dafür, dass der Wildbestand sinnvoll reguliert wird, sie müssen vor allem wissen, wie sich die Wildpopulationen in ihrem Revier entwickeln. Dafür ist intensive Wildbeobachtung unverzichtbar.

RO___ Die Natur ist für uns eine reiche Quelle. Vor allem für erstklassige Zutaten, aber auch für Ideen und das Verständnis dafür, was gut zusammenpasst. Meist harmonieren ja Zutaten besonders angenehm miteinander, wenn sie aus einem Lebensraum kommen.

RO — Jäger und Köche erleben die Natur intensiver. Jeder Schritt durch die Vegetation bringt eine Information, eine Botschaft. Weiche, federnde Böden können Standorte von Pilzen sein, auf trockenen Wiesen gedeihen aromatische Kräuter. Der Duft von Wäldern und Bäumen bringt uns auf Ideen für die Verwertung von Blüten und Sprossen. Die Regungen der Natur sind sehr inspirierend.

CB — Der Unterschied zwischen der Naturbetrachtung von Koch und Jäger liegt in der Perspektive. Köche haben ihr Radar auf den Makrobereich eingestellt, schauen auf den Boden und hinter jeden Baum. Jäger schauen nach oben und in die Ferne, um im Revier Anzeichen von Wildtieren zu entdecken.

Der Jäger und der Koch haben vieles gemeinsam: Vor allem die Wertschätzung und den Respekt vor der belebten Natur.

RO — Zum Jäger bin ich nicht geeignet. Ich will und kann kein Tier erlegen. Wenn das erst geschehen ist, sehe ich nicht mehr das Tier, sondern das Wildbret als wertvolle Zutat für die gute Küche.

CB ___ Jeder Schuss ist eine Zäsur und eine sehr ernste Sache.

Bei der Jagd werden Tiere vom Leben zum Tod gebracht, weil es notwendig ist. Die Lust am Töten spielt dabei für die allermeisten Jäger aber keine Rolle. Vielmehr liegt in jedem Abschuss auch ein Moment der Wehmut – für jene, die sich im Herzen auf das Wild und die Wunder der Natur eingelassen haben.

Bei der Jagd auf Kahlwild wird besonders deutlich, dass die Pflichten der Jägerschaft mit den Freuden untrennbar verbunden sind: Hier gibt es keine Trophäen, mit der Jagd auf Kahlwild kann niemand seinen Status verbessern und an Prestige gewinnen.

CB ___ Wir sollten in der Natur lassen, was dort hingehört. Deshalb zerwirke ich, wann immer es möglich ist, das erlegte Wild im Revier. Das verwertbare Wildbret kommt ins Kühlhaus, den Rest lasse ich dem Adler, den Raben, den Füchsen und allen anderen, die sich sonst noch im Revier von Fallwild ernähren.

Wenn ein Koch zur Stelle ist, der mit fast allen Teilen des Wildbrets etwas Gutes anzufangen weiß, kommt es zur Komplettverwertung des erlegten Stücks. Da bleiben nur Knochen, Decke und wenige Organe im Revier.

RO___ Über die Anatomie des Wildbrets muss man Bescheid wissen. Da können Köche von Jägern noch viel lernen.

Vom Kahlwild-Jagen

Da haben wir gesessen, bis die Glut im Grill kalt war, und aufgestanden sind wir noch vor dem ersten Vogellaut. In dunkler Nacht ging es über eine tiefgründige Wiese, über den Bach und in engen Kehren den Berg hinauf. Der Jäger voran, trittsicher, als wär es heller Tag, der Hund mal voraus, mal irgendwo hinter uns, die Schnauze immer am Boden, ganz wichtig.

„Sobald es hell wird, müssen wir auf der Alm sein", hatte der Jäger gesagt, „das Rotwild zieht jetzt sehr früh ein, weil der Sommer so heiß war."

Allmählich dringt fahles Licht durch die Zweige. Der Himmel verliert seine Nachtgarderobe aus leuchtenden Sternen auf dunklem Grund, und nach einer guten Stunde beständig steilen Steigens wird der Weg flacher und der Wald luftiger. Voraus ist schemenhaft die andere Seite des Tales erkennbar, der Saum des Gebirges hat schon ein wenig Licht, die Hänge darunter sind noch eine Mischung aus grau in grau.

SPÄT, DOCH NICHT ZU SPÄT ___ „Jetzt müssen wir leise sein", sagt der Jäger. Wie wir eine kleine Geländekante erreichen, bedeutet er uns anzuhalten und hinter ihm zu bleiben, legt sich ins Moos und betrachtet durchs Glas die Szenerie auf der anderen Seite des Tales. „Wir sind fast schon spät", sagt der Jäger und zeigt auf einen Bereich, in dem sich der Hochwald für einen breiten Streifen von offenem Gelände öffnet. Im Fernglas sind am Waldrand zwei äsende Tiere zu erkennen, die ganz langsam auf die Wiese treten.

PROZESSION ZUM EINSTAND ___ Der Jäger macht sich klein und verschwindet den Hang hinunter zum Bach, der Hund jetzt eng bei seinen Beinen. Wir bleiben im Moos liegen und beobachten, was am Gegenhang passiert.

Ins Grau des Morgens fließen rasch warme Farben, ein paar Dunstschleier heben sich aus den Wiesen, am Gipfelsaum meldet sich mit gleißendem Silberstreif der neue Tag.

Den beiden Tieren, die wir zuerst gesehen hatten, sind weitere Tiere und Kälber gefolgt. In gemächlicher Prozession zieht ein Rotwildrudel von mehr als zwanzig Stück über die Almwiese, manche Stücke verschwinden in einer kleinen Baumgruppe, um nach gewisser Zeit auf der anderen Seite des Wäldchens wieder ins Blickfeld zu treten, andere haben schon ein Feld aus Buschwerk und Latschen erreicht, in dem sie nicht mehr auszumachen sind.

Das Rudel bewegt sich aufwärts, hoch in die baumfreie Zone, wo ihm knapp unter dem Gipfelsaum ein breites Latschenfeld als Tageseinstand dient. Die Szenerie ist ein großes Bild des Friedens, das wir eine gute halbe Stunde betrachten dürfen.

Dann zerreißt ein Knall die morgendliche Stille. Im Glas sieht man, wie manche Tiere erschreckt ein paar Sprünge tun und andere verhoffen. Dann äsen sie weiter, als wäre nichts geschehen. Dann fällt ein zweiter Schuss, und dann ist wieder Stille.

Die Jagdhütte liegt am Ende aller Straßen in einem Zauberwald von uralten Lärchen und Fichten. Der Boden ist von Moos und Schwarzbeeren überwuchert und der Himmel von zackigen Gipfeln eingesäumt. Eine Quelle wurde für den Brunnen gefasst, der gießt nun seinen kühlen Schwall unermüdlich in einen Trog, in dem man müde Füße erfrischen und das Bier auf Genusstemperatur halten kann.

ROTE ARBEIT, RASCH GETAN —— Nach geraumer Zeit können wir auf einer großen Lichtung rechts der Baumgruppe den Jäger erkennen, wie er die Wiese hochsteigt. Da machen wir uns auch auf den Weg, und wie wir den Bach erreichen, ist auch der Jäger fast schon da. Hinter sich zieht er ein Kalb und ein Tier über den Steilhang. Da und dort kugelt ihm die Jagdbeute auch voraus, der Hund rodelt auf den erlegten Stücken zu Tal und kann sich vor Begeisterung fast nicht einkriegen.

„Das Schmaltier habe ich leider nicht erlegen können", sagt der Jäger, „wäre aber schon wichtig gewesen, dem fehlt jetzt was im Verband des Rudels. Läuft leider nicht immer optimal."

Die rote Arbeit des Ausnehmens und Zerwirkens geht am Bach rasch voran. Der Jäger zerwirkt das Tier, ich arbeite das Kalb auf. Den Pansen können wir nicht gebrauchen, das Putzen wäre jetzt zu umständlich. Als Koch würde ich ihn ein, zwei Tage in den Wildbach hängen, der Pansen wäre dann ideales Material für Hirschkutteln. Der Jäger schneidet die Lebern von Kalb und Tier auf und begutachtet sie sorgfältig. Die Lebern sind in Ordnung, die können wir mitnehmen. Das Herz des Kalbs kriegt der Hund, das Herz des Tiers kriegen meine Gäste.

HEGEN, JAGEN, NUTZEN —— Schlag Mittag sind wir wieder bei der Jagdhütte. Zu Mittag kann man sich schon ein Bier genehmigen, vor allem wenn die Arbeit erledigt ist. „Mit der Jagd auf Kahlwild kriegst du nichts, womit du bei der Trophäenschau Eindruck machen könntest", sagt der Jäger, „aber weniger wichtig ist sie darum nicht."

Für mich als Koch ist die Jagd auf Kahlwild fast noch wichtiger als die Jagd auf Hirsche, weil die Tiere und Kälber des Rotwilds ein feiner strukturiertes Fleisch haben. „Es gehört eben alles zusammen, du kannst nicht Hirsche jagen und den Rest des Rotwilds links liegen lassen", sagt der Jäger. Und damit hat er recht, ganz allgemein. „Es gehört alles zusammen", sage ich, „hegen, jagen, nutzen."

Location: Revier in den Hohen Tauern, auf 2100 Meter über NN. Im September 2018. Erlegte Wildtiere: Alttier und Kalb.

Ein wunderbarer Tag auf Rothirsch

„Wir sollten in der Natur lassen, was dort hingehört. Deshalb zerwirke ich das erlegte Wild wann immer möglich im Revier, schaffe damit Wildbret für die Küche und lasse den Rest dem Adler, den Raben, den Füchsen und allen anderen, die sich sonst noch im Revier von Fallwild ernähren."

Im Lichtkegel des Pick-ups werfen die Bäume am Rand des Forstwegs lange Schatten. Eine Rehgeiß steht im Weg, schaut sich ein paar Sekunden das Fahrzeug und uns an, bevor sie sich in die Hecke am Hang verdrückt. „Da heroben", sagt der Jäger, „hab ich noch selten welche g'sehn."

An einer ausgesetzten Haarnadel ist der beste Aussichtspunkt, da bleiben wir stehen, steigen aus und nehmen die Ferngläser zur Hand. Mit Schleiern von schüchternem Licht kündigt sich der neue Tag an, da und dort meldet sich schon ein Vogel. Sonst herrscht weihevolle Stille.

Der Gegenhang ist durch einen unendlich tiefen Graben von der Forststraße getrennt und zieht sich als Flanke eines breit in der Landschaft sitzenden Berges wie die Kulisse eines Gigantentheaters quer durch das Blickfeld. Wenn man dann ein Stück weiter nach rechts schaut, sieht man ins Tal. Dort unten haben sie ein kommodes Leben. Mit warmen Pantoffeln und Youtube. Hier oben ist alles anders. Der Aushauch der Nacht greift dir nasskalt in den Nacken, Movies liefert die Natur.

HIRSCHE MELDEN ___ Am Gegenhang sind in der oberen Etage Latschenfelder zu sehen, darunter Bauminseln und Wiesen und dazwischen ein Keil, in dem der Sturm von vor fünf Jahren das Holz abgeräumt hat, dort herrscht nun braunes Chaos. Gegend gibt es genug, Hirsche noch nicht. Dann meldet sich einer mit tiefem Röhren im uneinsehbaren Gelände. Die feuchte Luft trägt den Schall dick und kräftig übers Tal. Sind also doch da, nur nicht dort, wo man sie beobachten könnte.

Augen fest ins Glas versenkt und schauen, ob der Hirsch nicht doch ins Freie tritt. Am anderen Hang hinter dem Felsgrat, dort wo man schon gar nicht hinsieht, meldet sich ein zweiter Hirsch und dann ein dritter, rechts oben. Wo Hirsche röhren, sind auch Hirsche, Hirschbeobachtung ist eine Frage der Geduld.

Die Morgensonne blitzt kurz zwischen dem Grat und der Wolkendecke durch und verzieht sich gleich wieder hinter einer blaugrauen Wand, die einen nadelfeinen Regen zu Boden schickt. Nebelfetzen kriechen vom Tal herauf.

Die Hirsche haben sich jetzt erstklassig synchronisiert, einer meldet, der nächste antwortet und so weiter. Müssen mindestens vier unterwegs sein. Der Nebel hat sich jetzt im ganzen Tal breitgemacht, aber am Himmel zeigen sich ein paar helle Streifen, durch die ein warmes Sonnenlicht auf unseren Hirschhang fällt und die Vegetation zum Leuchten bringt. Mitten auf der Wiese, zwischen einem schwarzen Graben und einem schmalen Streifen mit Fichten und Birken, steht wie aus dem Boden gewachsen jetzt ein Einser-Hirsch. Daneben bewegen sich ein paar Tiere mit ihren Kälbern über den Hang. Der Hirsch röhrt, die Tiere und Kälber äsen weiter, als wäre der Kerl gar nicht da.

VOM FALSCHEN ZUM RICHTIGEN —— „Ist nicht der, den wir brauchen", sagt der Jäger. „Unserer hat einen gebrochenen Lauf." Für mich als Koch wäre der da auch ganz recht, muss mindestens hundertfünfzig Kilo wiegen. Auf den Hirsch mit dem gebrochenen Lauf sind sie schon ungezählte Male gegangen, haben ihn auf genau diesem Hang mit dem Windbruch immer wieder beobachten können, sind aber nie nah genug für einen Schuss gekommen. Wenn sie den Hirsch nicht bald erlegen, wird es schwierig, dann kommt der Schnee, und dann holt sich wahrscheinlich die Natur den lädierten Hirsch.

Gleich nachdem sich „der falsche" Einser-Hirsch gezeigt hat, steht ein paar Hundert Meter weiter oben ein zweiter. Im Glas kann man ganz gut sehen, dass er zu schmal ist für das starke Geweih und sich auch im Haarkleid nicht so verfärbt hat, wie es sein sollte. „Da ist er", sagt der Jäger, „jetzt müssen wir hoch."

In langsamer Fahrt geht es zur Hütte, Stecken gefasst, Rucksack geschultert und hoch durch den Wald. Wir nehmen den inneren Steig, weil der normale zu nah am offenen Gelände entlangführt. Der Weg am Waldrand wäre schon eine sportliche Herausforderung, weil er in steilen Kehren durchs Holz führt. Der innere Steig ist hart an der Grenze zur Eiger-Nordwand-Klasse. Der Jäger mit dem Rucksack am Buckel und der ganzen Ausrüstung vom Spektiv bis zur Waffe marschiert da lautlos im regelmäßigen Schritt hinauf, der Hund jappelt hurtig um uns herum, als wär's ein Spaziergang durch die Au.

Am Hochsitz angelangt ist auch der Nebel schon da. In schweren Schwaden treibt er übers Gelände. Die Hand vor den Augen sieht man tadellos, sonst aber wenig. Der Jäger zieht den Reißverschluss seiner Jacke hoch, legt einen Pullover aufs Holz und bettet die Waffe darauf. Mir schiebt er eine Decke unter den Hintern. Der Hund am Fuß der Leiter hat auch eine und die Schnauze schon in Ruhestellung. „Kann dauern", sagt der Jäger und beobachtet skeptisch die Wolkenschieberei, „schaut nicht so gut aus."

VOM SCHIESSEN UND LIEFERN —— Dann wird die Nebeldecke ein wenig fiedrig und gegen den Himmel silberhell, und von einer Minute auf die andere haben wir Prachtbeleuchtung. Die weite Wiese vor uns dampft und glüht, ganz unten spaziert ein Zweier-Hirsch übers Terrain, und ein paar Dutzend Meter vor dem Windbruch, schon auf unserer Seite, steht der Hirsch mit dem verwachsenen Lauf.

Der Jäger schiebt ganz langsam eine Patrone ins Schloss, legt den Finger auf den Abzugsbügel und schaut durchs Zielfernrohr. Ganz allmählich bewegt sich unser Hirsch auf die Wiese, nimmt da und dort ein paar Halme Gras und schaut sich die Gegend an. Dann ziehen wieder ein paar Wolkenfetzen über die Wiese und der Hirsch ist weg. Der Jäger schaut immer noch durchs Zielfernrohr. Wie die Sicht wieder gut ist, steht der Hirsch keine 150 Meter von uns entfernt und verhofft genau in unsere Richtung. Der Jäger legt den Finger in den Bügel, jetzt dreht sich der Hirsch bedächtig und es kracht. Zwei, drei Sprünge macht der Hirsch die Wiese runter, dann kugelt er und bleibt hinter ein paar Sträuchern liegen. Der Zweier-Hirsch kommt nervös aus den Latschen und stakst auf der Wiese hin und her, bevor er sich unter die Birken trollt.

„Weidmannsheil", sage ich, „Weidmannsdank" flüstert der Jäger. Wir warten noch eine gute Viertelstunde und schlagen uns dann über einen Graben und durch eine Hecke auf die Wiese durch und rutschen mehr, als dass wir gehen, bis zum Hirsch. Der liegt glatt hingestreckt im Kraut. „War hoch an der Zeit", sagt der Jäger und schaut sich den rechten Hinterlauf an, „über'n Winter wär der nicht gekommen."

Den Hirsch den Hang runter, über den Bach drüber und dann durch den Wald bis zum Forstweg zu kriegen, ist reine Schinderei. Ohne Seilsicherung und Seilwinde, um einen „Flying Hirsch" über den Graben zu bauen, wäre das gar nicht zu machen. „G'schossen ist schnell", sagt der Jäger und wischt sich den Schweiß und ein paar Fragmente von der Vegetation aus dem Gesicht, „aber Liefern ist ein ganz anderes Thema."

Location: Revier in den Hohen Tauern,
auf 1850 Meter über NN.
Im September 2018.
Erlegtes Wildtier: Ungerader 14-Ender,
zehn Jahre alt, 130 kg. Hegeabschuss.

Vom Wild zum Wildbret und vom Wildbret zur guten Küche mit Wildfleisch. Was sich mit Hirsch, Tier und Kalb vom Rotwild kulinarisch anfangen lässt, erfahren Sie an anderer Stelle dieses Buches.

DIE REZEPTE

DIE NIEDER WILD JAGD

Über Äcker und Wiesen des flachen Landes an einem Tag mit Wind und Wolken – der Herbst ist die Zeit für die Jagd auf Feldhasen und Federwild.

Die Jagd auf Niederwild ist eine spezielle Sache: Da braucht es Antizipation und Aufmerksamkeit, Disziplin und Selbstbeherrschung, damit möglichst wenige Chancen verpasst werden und wenn möglich kein Schuss zu viel fällt.

RO — Feldhasen werden von vielen Köchinnen und Köchen unglaublich unterschätzt! Man kann daraus so viel mehr zubereiten als Hasenpfeffer und gebratene Hasenrücken.

CB — Wildenten werden in großer Zahl erlegt, aber in Restaurants ganz selten angeboten.

RO — Weil die Zubereitung von Barbarieentenbrüsten aus der Vakuumverpackung viel einfacher ist, als Wildgeflügel zu verarbeiten. Ich aber sage: Jede Mühe lohnt sich, wenn die Zutaten erstklassig sind.

CB ___ Auch bei der Niederwildjagd gilt: In der Ruhe liegt die Kraft. Ruhig warten, bis sich eine gute Gelegenheit für den Schuss ergibt.

RO___ Wir warten gern auf die Zeit der Feldhasen, Rebhühner und Fasane. Alles hat seine Zeit – wenn die gekommen ist, ist der Genuss umso größer.

CB — Die Arbeit der Hunde ist grad bei der Niederwildjagd unverzichtbar. Vor allem, wenn man auf Enten unterwegs ist, schließlich will kein Jäger baden gehen, um einen erlegten Vogel aus dem See zu holen.

RO ___ Die Burschen sind mit unglaublichem Eifer und unermüdlich unterwegs – obwohl sie keinen anderen Dank als das Lob des Hundeführers zu erwarten haben. Da hat es dein Hund besser – der kriegt bei einer erfolgreichen Gams- oder Rotwildjagd nicht weniger als das Herz.

RO___ Es macht einen Unterschied, ob alter oder junger Hase. Für das berühmte Rezept „Lièvre à la Royale“ empfiehlt Paul Bocuse zweijährige Hasen mit rötlichem Fell.

CB ___ Zweijährige Hasen hätte er von uns haben können, nur rötliches Fell wäre schwierig.

RO ___ Nach meiner Erfahrung schmeckt man die Fellfarbe nicht sehr deutlich. Aber Paul Bocuse war sehr anspruchsvoll in seinen Rezepten.

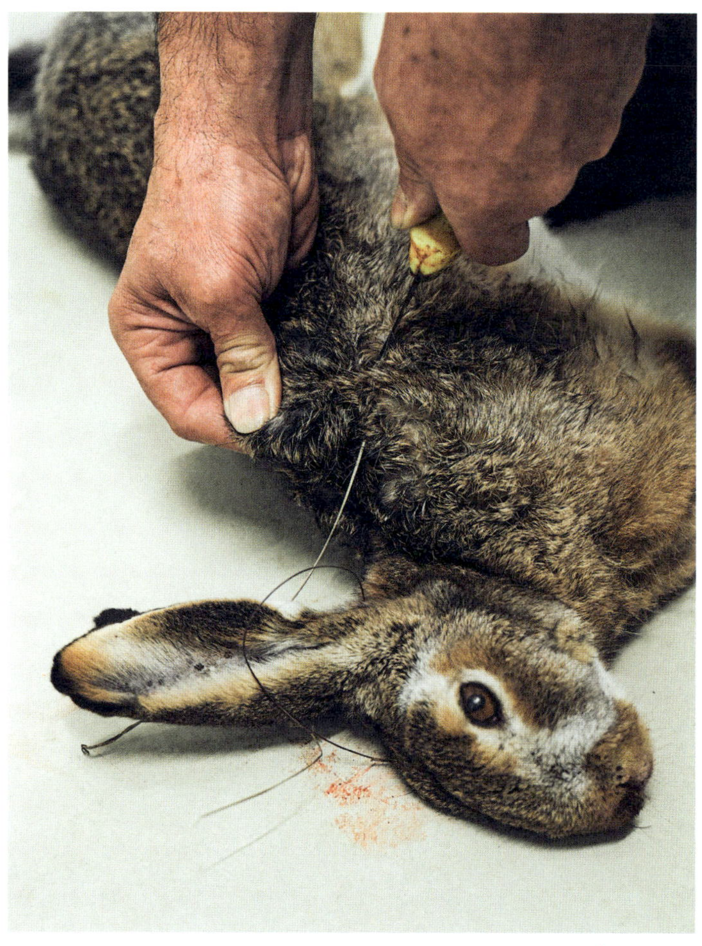

CB ___ Was ist dem Koch lieber: Feldhasen abhängen lassen oder frisch liefern?

RO ___ Immer frisch! Hängen können die Hasen bei uns auch noch, und die Zeiten, wo das Wildbret einen „haut goût“ haben sollte, sind glücklicherweise vorbei.

So wird's gemacht: Hasen an den Hinterläufen aufhängen, einen Querschnitt über den Rücken und beidseitig entlang der Schultern bis zum Brustkorb machen. Danach den Balg in Richtung der Hinterläufe abziehen.

CB ___ Gefragt ist die sichere Hand – in Bruchteilen von Sekunden. Feldhasen und Federwild warten nicht, bis der Schütze bereit ist.

Paul, unterwegs in seinem Revier bei Gattendorf: „Den Lebensraum der Wildtiere schützen und verbessern, die Jagd mit Maß und immer mit dem Ziel der Nachhaltigkeit ausüben."

RO ___ Der Hund ist für den Jäger offenbar das gleiche wie der Souschef für den Küchenchef: Immer da, wenn er gebraucht wird, und er lässt auch nicht nach, wenn es mühsam wird.

CB ___ So sollte es sein. Im Idealfall genügen für die Kommunikation zwischen Herr und Hund ein paar Zeichen und wenige Worte.

RO ___ In der Küche ist das einigermaßen komplizierter. Aber Souschefs sind auch keine Hunde.

RO___ Fasane sind die prächtigsten Vögel, die in unserer Küche verwertet werden.

CB __ In den Revieren Österreichs sind Fasane verschiedener Rassen vertreten. Hauptsächlich der Böhmische Jagdfasan oder Kupferfasan und der Ringfasan, den man – wie es der Name schon sagt – an einem weißen Halsring erkennt. Dazu gibt es eine Reihe von Mischformen. Für die Jagd sind alle interessant, wobei sehr überwiegend die Hähne erlegt und die Hennen in Ruhe gelassen werden.

RO ___ In der Küche wüssten wir gern, ob wir es mit alten oder jungen Fasanen, Rebhühnern, Wachteln, Tauben oder Enten zu tun haben …

CB ___ Bei Fasanen ist die Altersbestimmung für den Jäger relativ leicht. Je ausgeprägter der Sporn, desto älter ist das Tier. Ein kleiner Sporn zeigt eindeutig an, dass der Vogel jung ist.

RO __ Rebhühner zählen mittlerweile zu den seltenen Vögeln in der Küche. Was sehr bedauerlich ist, weil man damit großartige Gerichte zubereiten kann.

CB __ In manchen Regionen ist das Rebhuhn stark bestandsgefährdet, aber der Trend hat sich umgekehrt. Allgemein können wir wieder einen Zuwachs an Brutpaaren registrieren.

RO __ Für die Zubereitung von Fasan und Rebhuhn gilt: Immer behutsam mit der Temperatur umgehen. Diese Vögel vertragen keine große Hitze.

CB — Wenn das Alter einen Unterschied für den Koch macht: Am Schnabel kann man es erkennen. Ein schwarzer Schnabel weist auf ein junges Rebhuhn hin, im Alter sind die Schnäbel grau.

CB ___ Jäger und Jägerinnen sollten auch Heger sein, dazu in gewisser Weise Landschaftspfleger und Vertreter der Wildtiere, wo immer ihnen die Zivilisation neue Probleme bereiten will. Als Lieferanten von gesundem Wildbret und Partner für die Köchinnen und Köche verstehen wir uns auch. Ihr könnt aber von uns nur so viel bekommen, wie wir der Natur ohne Schaden entnehmen können oder wegen anderer Interessen entnehmen müssen.

RO ___ Damit sind wir zufrieden. Genuss soll sich nicht nach der Menge richten, und wenn Genuss zulasten der Natur geht, muss man darauf verzichten.

Einen Fasan erlegt, mindestens dreißig Stück Federwild und ein gutes Dutzend Hasen gesehen: Auch das kann die Bilanz eines erfüllenden Jagdtags sein.

Unterwegs im freien Feld

Die Hühner starten knapp über dem Boden, ziehen hoch, schlagen einen Haken in der Luft und schwirren wieder abwärts. Mit dem starken Wind im Rücken vollführen sie noch zwei, drei krasse Richtungsänderungen und fallen dann ein paar Meter weiter in ein Dickicht ein. Gleich wie die Rebhühner aufgeflogen sind, haben die Jäger ihre Flinten hochgenommen und versucht, dem Vogelflug zu folgen, aber keiner hat geschossen. „Nicht schlecht", sagt unser Jäger zu den Rebhühnern.

Der Hundeführer ruft: „Voran!", da legt der Hund gleich wieder los und sprintet in langen Schleifen immer zehn bis zwanzig Meter vor den Jägern durch das Grünzeug. Hin und wieder zieht ihn der Ehrgeiz weiter raus oder weiter nach vorn, dann bläst der Hundeführer kurz in seine Pfeife. Der Drahthaar kriegt sich dann gleich wieder ein und bestreicht im gestreckten Galopp das Feld vor uns, wie es sich für einen ordentlichen Vorstehhund gehört.

TOURISTENFREIE ZONE —— Lang dauert es nicht, da flattert ein Fasan aus seiner Deckung. „Hendl!", schreit der Jäger, und alle lassen die Flinten unten, Paul der Jagdpächter, der Hundeführer und unser Jäger.

Paul hat die Jagd bei Gattendorf schon viele Jahre. Hier, im nordöstlichsten Eck des Burgenlands, in einer Region, die abseits von Industrie und Tourismus liegt, war immer schon ein guter Fleck für die Jagd auf Niederwild. Die Zusammenlegung von landwirtschaftlichen Flächen, der Bau von Windrädern und sonst noch ein paar Zivilisationserscheinungen haben das Wild aber auch in diesem abgelegenen Winkel unter Druck gebracht.

Mit dem Trend zur Biolandwirtschaft ist es aber besser geworden, und natürlich durch die engagierte Pflege des Reviers. Paul hat ein paar Äcker gepachtet, darauf wird Kukuruz angebaut und über den Winter stehen gelassen. Das gibt Futter und Deckung für die Rebhühner und Fasane. Ein paar Streifen zwischen den Feldern sind Brachland, da finden die Hasen alles, was sie zu einem guten Leben brauchen. Auf dem Teich mitten im Revier und an den Ufern leben und brüten zahlreich die Wildenten. Das gäbe eine reiche Ernte an Federwild und Hasen, aber dem Paul ist Nachhaltigkeit wichtiger als das volle Kühlhaus.

LIEBER LANG WARTEN, ALS VIEL SCHIESSEN —— „Wir könnten heute Hasen schießen, dass sie gar nicht auf die Ladefläche passen", sagt er, „aber was hätte das für einen Sinn?" Klar, dass der Erlös des Wildbrets eine Rolle spielt – der Pachtzins ist und war in diesem erstklassigen Revier schon immer ganz schön hoch –, aber die Jagd ist für Paul mehr als eine geschäftliche Angelegenheit und ein Vergnügen, da geht es ihm auch um die Erhaltung, sogar um die Verbesserung des Lebensraums für Feldhasen, Federwild und was sonst noch auf den Äckern, in den Hecken und den Buschwäldern des Reviers zu Hause ist.

Der Trieb nähert sich jetzt dem Feldweg, da steht ganz rechts ein Hase auf, sprintet auf den freien Acker, schlägt einen Haken und noch einen, der Hund hinterher, Paul hat seine Flinte an der Backe, zweimal macht es „baff", der Hase kugelt in den Winterraps neben dem Acker. Eine halbe Minute danach apportiert der Hund auch schon den Hasen.

Für unseren Jäger ist die Sache ein wenig ungewohnt. Er hat sein Revier in den Hohen Tauern, da spielt das Niederwild keine Rolle. Zur Jagd im flachen Land kommt er nicht öfter als ein- bis zweimal im Jahr.

„Hund steht!“, ruft der Hundeführer, da schauen gleich alle in die Richtung des Deutsch Drahthaar, der mit einem angewinkelten Vorderlauf wie angewurzelt in das buschige Gras neben einer Hecke starrt und dabei vor Aufregung zittert. Und wie der Hund einen kleinen Schritt nach vorn macht, fliegt schon ein Rebhuhn auf und dann gleich noch eins.

Bei der heutigen Jagd hat er zwar ein paarmal die Flinte hochgenommen, aber bisher den Schrot gespart. „Grad wenn du nicht die Sicherheit der beständigen Übung hast, haltst dich besser zurück“, sagt unser Jäger.

HEUTE KEINE ENTE ___ Die beiden anderen haben mittlerweile drei Hasen, zwei Rebhühner und drei Fasanhähne geschossen. Da stöbern unsere Hunde einen Fasanhahn auf. Der flattert hoch, fliegt grad weg von uns, schwenkt dann aber vor unserem Jäger nach rechts und hat es auch gleich hinter sich. „Der hat gepasst“, sagt der Jäger.

Diesmal apportiert „Google“, unser Golden Retriever, den Fasan. Der Jäger schaut sich die Krallen an. „Noch ganz weich“, sagt er, „der Hahn ist noch kein Jahr alt.“ Mal schauen, ob so ein junger Fasan bei der Zubereitung mehr hergibt als die älteren Exemplare seiner Art.

HAARE FÜR DEN HASENBART ___ Nach knapp drei Stunden lassen wir es auch schon wieder gut sein. Fünf Hasen und acht Stück Federwild wurden erlegt. Ein paar Enten hätten wir auch noch wollen, die sind aber bei dem Starkwind so rasch weg gewesen, dass ihnen nur ein Gruß aus der Flinte hinterhergeschickt wurde. Eh zu spät und mehr dem jugendlichen Ehrgeiz des Schützen geschuldet als einer guten Chance, die anvisierte Ente zu erlegen. So etwas sollte zwar nicht passieren, wer sich aber auf einer Niederwildjagd noch nie auf diese Art verschätzt hat, ist entweder ein Meister der Selbstbeherrschung oder er war noch nicht oft auf einer solchen Jagd dabei.

Am Hof des Jagdaufsehers werden die Hasen ausgezogen. Für einen Hasen braucht der Mann keine drei Minuten. Ist eben gut in Übung. Das Federwild hat er in einer halben Stunde küchenfertig. Die Barthaare der Hasen werden in eine Quaste von Haaren eingebunden, die aussieht wie ein Gamsbart. „Hasenbart von ungefähr viertausend Hasen“, sagt der Jagdaufseher. Mit den Jahren sammelt sich also auch in diesem zurückhaltend bejagten Revier eine ordentliche Strecke an. Wessen Hut der kolossale „Hasenbart“ schmücken wird, ist noch nicht ausgemacht. Sicher aber ist, dass das heute erlegte Wildbret in den nächsten Tagen unsere Küche zieren wird.

Location: Nördliches Burgenland.
Datum: Herbst 2018.
Erlegtes Wild: Fünf Feldhasen, vier Rebhühner, vier Fasanhähne.

Der Herbst ist Erntezeit – auch beim Niederwild. Hasen, Kaninchen und Federwild lassen sich mit kräftigem Gemüse, Wurzeln, Nüssen und Getreide wunderbar kombinieren.

DIE REZEPTE

DIE GAMS JAGD

Am Weg ins Revier des Gamswilds heißt es steigen, steigen, steigen. Wer den Erfolg der Jagd nur nach dem geglückten Schuss beurteilt, steigt und klettert sehr viele Höhenmeter vergeblich.

CB — Jägerinnen und Jäger entwickeln ein spezielles Verständnis für die Natur. Sie wissen, wo sie auf den Anblick einer Gams hoffen können und wo man völlig aussichtslos suchen wird.

RO — Wunderbar, wie vielfältig sich die Natur mitteilt und wie sie sich wandelt, mit den Jahreszeiten, mit den Tageszeiten, mit der Witterung.

RO — Jäger lesen die Natur auf spezielle Art, weil sie das Verhalten und die Gewohnheiten der Wildtiere so gut kennen. Wir anderen können nur staunen, was auch kleine Zeichen dem Jäger verraten, der mit seinem Revier vertraut ist.

CB ___ Unsere Aufmerksamkeit gilt vor allem den Bewegungen in der Natur und dem, was an der Außengrenze unseres Sichtfeldes zu erkennen ist. Köche haben uns da etwas voraus: Sie haben auch die Pflanzen, Pilze und sogar Flechten im Visier.

RO ___ Der Wald und die Wiesen bieten unzählige Delikatessen, wenn man nur aufmerksam genug seines Weges geht. Der Butterpilz ist um nichts weniger wertvoll als der Steinpilz, und wild wachsende Kräuter sind häufig viel aromatischer als solche aus dem Garten.

RO ___ Innehalten, schauen, suchen, um dann im beständigen Schritt das nächste Wegstück zu beschreiten – Jäger hasten nicht, sie gleichen sich mit ihrem Tempo der Natur an.

CB ___ Das Wort „spüren“ kommt von „der Spur“ – wir müssen Spuren lesen, um spüren zu können, was um uns vorgeht. Mulden im Gras erzählen uns, was da gelegen hat, und manchmal zeigen uns die Vögel am Himmel, wo ein verletztes oder totes Wildtier liegt.

RO — Ich werde es nicht probieren, aber ich frage mich, was das für ein Gefühl ist, ein Tier zu erlegen.

CB — Wenn es zum Schuss hin geht, wird die Welt rundum ausgeblendet, dann gilt es nur noch, die Sache gut zu machen, sehr gut zu machen. Wer die Jagd als Dienst an der Natur versteht, verspürt vor jedem Schuss die große Last des Augenblicks.

Zahlreich sind die Pirschgänge, die ohne Abschuss enden. Wenn sich dann der Erfolg einstellt, ist die Freude umso größer.

CB ___ Wir erleben Freude, wenn die Jagd von Erfolg gekrönt ist, und große Erleichterung, wenn sich zeigt, dass wir unsere Aufgabe einwandfrei erledigt haben.

CB ___ Das Ansprechen von Gamswild ist besonders schwierig. Oft bleibt ein Rest von Unsicherheit, der erst verfliegt, wenn man das erlegte Stück vor sich hat.

RO ___ Für Köche ist es nicht wichtig, ob wir das Wildbret eines kapitalen Stücks oder eines ohne interessante Trophäe bekommen. Für uns ist Fleisch von Wild eine Zutat aus absolut artgerechter Tierhaltung.

CB ___ Das Bergen des Wildes ist im Gebirge oft mühsam, wichtig ist dabei immer, dass das Wildbret so gut wie möglich geschont wird.

RO ___ Fleisch von der Gams ist eine Rarität. Dass die Jägerinnen und Jäger bei der Pirsch auf die Gams und das Liefern des Wildbrets große Strapazen auf sich nehmen, wissen wir zu schätzen.

Saubere Arbeit: Wie bei allen anderen jagdlichen Tätigkeiten ist auch beim Zerwirken Präzision gefragt. Nur so kann die Gabe der Natur optimal genutzt werden.

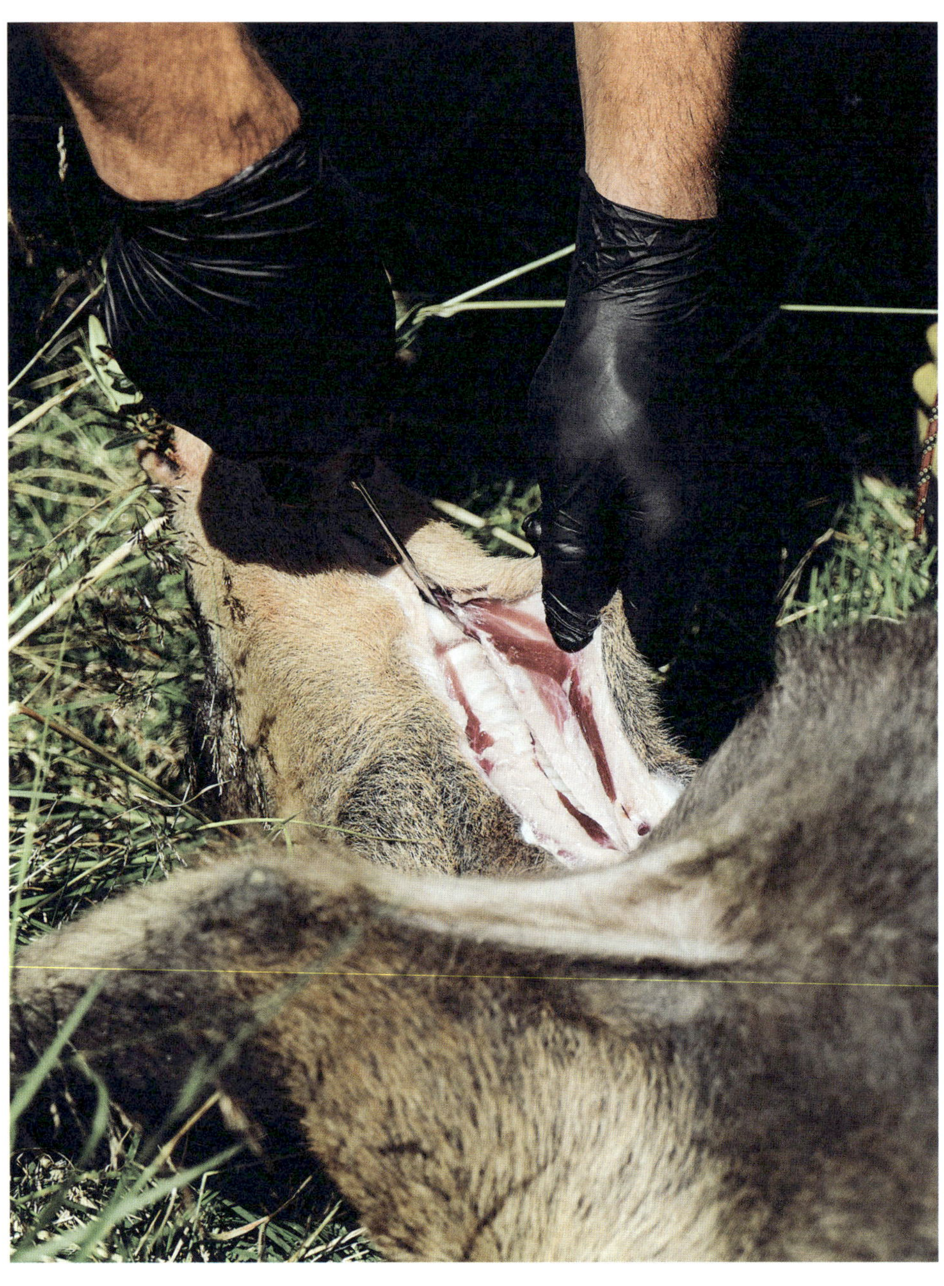

RO ___ Wild besteht nicht nur aus „Edelteilen“ wie Keule oder Rücken. Aus Leber, Lunge, Herz und Nieren kann man genauso gute Gerichte zubereiten.

RO ___ Wenn wir uns vornehmen, das Wildbret möglichst umfassend zu verarbeiten, finden wir zu einer ganz anderen, interessanteren Wildküche. Aus dem Schopf machen wir Ragouts, aus den Abschnitten vom Zuputzen der großen Teile und dem Bauch können wir Würste zubereiten, aus den Knochen Fonds als Basis hervorragender Saucen.

CB ___ Von den Köchen können wir Jäger lernen, was alles für die Küche interessant ist. Nur Rücken und Keulen zu verwerten, wäre wider die Natur.

Für gewisse Teilnehmer am Pirschgang kommt die kulinarische Freude sehr bald nach dem Schuss.

CB — Das Herz kriegt bei mir der Hund. Das ist sein Lohn dafür, dass er mich bei der Jagd unterstützt. Das bekräftigt auch unsere Partnerschaft.

RO — Mit Herz von der Gams oder von Rotwild kann man freilich noch ganz andere Sachen machen. Mir fallen gleich zwanzig Gerichte ein, die vielleicht dem Hund weniger Freude machen, aber sehr gut für Menschen sind.

Nach der erledigten Arbeit: Wenn Koch und Jäger gemeinsam das Wildtier zu Wildbret verarbeiten, dauert das bei einer Gams keine halbe Stunde.

Küchenfertig: Eine Gams gibt Fleisch genug für hundert Portionen Wildgerichte.

CB ___ Am Rückweg von einer erfolgreichen Pirsch ist der Rucksack schwerer, aber das Herz so leicht wie ein Vogel.

RO ___ Am Rückweg von einer erfolgreichen Pirsch kann man sich schon überlegen, welchen Teil man sich in der Hütte vornimmt, denn Jagd macht Appetit auf Wild.

CB — Geht gute Küche ohne Küche?

RO — Wir brauchen nur ein schneidiges Messer und einen Grill. Die Leber geben wir ein paar Minuten auf den Rost, und für das Waldaroma legen wir einen frischen Lärchenzweig in die Glut. Was wir am Wegesrand gefunden haben, passt jedenfalls dazu. Wer sich traut, nimmt ein paar Stücke von der rohen Leber, weil die ist auch sehr gut.

Gegrillte Gamsleber mit Schwarzbeeren. Vorbereitungszeit für die Glut: eine Stunde. Zubereitungszeit der Leber: fünf Minuten.

Auf einen Almrausch-Gams

„Den Stecken mit dem Gummiteil nach unten halten", sagt der Jäger, „weil der Eisenspitz macht Gamsglocken, die hör'n die Gams und dann sind's weg." Die Gäste bei dieser Pirsch drehen die Stecken um. Wozu die Stecken gut sind und wie man sie in die Hand nimmt, ohne sich und seine Umgebung damit in Gefahr zu bringen, müssen manche noch lernen. Aber ohne Stecken über diese ausgesetzten Steige zu gehen, wäre ein noch größeres Risiko.

Den Bach entlang führt der Weg zu den ersten Kehren des Steigs, der bald in einen lichten Wald aus Kiefern, Lärchen, Sträuchern und verbogenen Fichten führt. Ein paar Butterpilze stehen neben dem Weg, die Schwarzbeeren sind prall und süß und der Quendel duftet. Der Jäger und die Eva steigen voran.

ERSTER ANBLICK ___ Sobald wir in die oberen Regionen des Bergwalds kommen, bleiben der Jäger und die Jägerin immer wieder stehen, um das voraus liegende Gelände mit dem Fernglas abzusuchen. Der Jäger zeigt auf ein paar Felsen zwischen den Bäumen, die von einem üppigen Bewuchs ganz dunkelgrün verkleidet sind. Die Eva schaut durchs Glas und nickt. Was dort oben interessant ist, kann ich erst erkennen, nachdem mir der Jäger genau erklärt hat, hinter welchem Zacken und vor welchem Baum ein hellbrauner Fleck zu sehen ist, der zum Fell einer Gams gehört. „Ist eine Geiß, so drei, vier, fünf Jahr' alt, auf die Entfernung ist das Alter aber ganz schwer festzustellen, dafür müssten wir deutlich näher ran", sagt der Jäger.

Wir wollen keine Geiß, sondern einen Bock, mindestens zehn Jahre alt, und außerdem kämen wir an die Waldgams auf dem Felsen nie und nimmer auf die Distanz für einen sicheren Schuss heran, dafür ist das Gelände viel zu zerklüftet.

Sobald der Wald aufmacht, breitet sich vor uns das schönste Bergidyll aus. Kristallklar sprudelt ein Bach über Felsen durch eine goldgrüne Wiese, den Horizont umschließt eine Kette schneebedeckter Gipfel, die im Sonnenlicht herüberleuchten, weißer als weiß. Darüber spannt sich knallblau der Himmel, durch den, als einziges Zeichen der Zivilisation, glitzernde Flugzeuge ihre milchigen Streifen ziehen.

Der Jäger und die Eva hocken sich hinter einen Steinbrocken und suchen den schattigen Bereich um eine flache Rinne ab, die vom kahlen Gipfel zwischen die Latschen und das Buschwerk führt. „Wenn wir da keinen Anblick haben", sagt der Jäger, „steigen wir zum Bergsee rauf, gehen am Kar entlang und schauen dort." Das wären ungefähr drei Stunden weitere Wegzeit. Wer nicht wirklich gut zu Fuß ist, hat auf der Gamsjagd nichts verloren.

GAMS RUHT ___ Nach einer Weile zeigt der Jäger hinauf in die Rinne, bringt das Spektiv in Stellung, schaut noch mal lang und sagt dann: „Er liegt. Viel ist nicht zu sehen, aber er würd' schon passen." Die Eva schaut und nickt. „Wir gehen rüber bis zum Felsabbruch, hoch bis ungefähr hundert Meter unter die Latschen und dann rüber zu der Kante

„Gemütliche Bergwanderung“, sagt der Jäger, der heute den Pirschführer macht, weil die Eva den Gams schießen soll. Wird eine Art Gruppenausflug, weil außer dem Fotografen und mir noch ein paar Leute dabei sind, die sowas wie eine Gamsjagd noch nicht gesehen haben und die Berge lieben.

mit dem Almrausch. Von dort müssten wir in die Senke sehen können. Mal schauen, ob er uns genug Zeit gibt.“

Also legen wir in die Wiese ab, was wir für die Expedition nicht brauchen, und arbeiten uns zuerst weg von der Rinne, hoch bis fast zu den Latschen und rüber zum Almrausch. Langsam bewegen wir uns auf eine Halde aus Steinbrocken, die komplett im Almrausch versinkt und ganz oben von ein paar verwachsenen, von Wind und Wetter zerzausten Lärchen verziert wird. Der Jäger schiebt sich vorsichtig durch das Buschwerk, die Eva hinterher. Von der Kante sieht man in die Mulde, mittendrin liegen ein paar Felsbrocken und im Schatten der Felsbrocken liegt der Gams wie ausgestopft und regt sich nicht. Der Jäger und die Eva schauen durch ihre Ferngläser. „Ein reifer Bock“, sagt der Jäger, „ein wirklich edles Stück.“ „Zwischen acht und zehn Jahre“, sagt der Jäger.

Die Eva schält sich behutsam aus ihrer Jacke, legt die Jacke vor sich in den Almrausch, darauf das Gewehr und macht sich dahinter lang. Auch der Jäger legt seine Waffe bereit, schaut durchs Zielfernrohr und sagt: „Siebzig Meter, ziemlich exakt.“

Der Gams ruht. Er ruht und ruht und regt sich nicht. Das Adrenalin des ersten Anblicks versiegt und das Warten wird zu dem, was es meistens ist: langweilig.

Es ist ganz unglaublich, was sich in einer Höhe von zweitausend Metern an Leben bemerkbar macht, wenn man als Mensch nur lang genug im Grünzeug liegt. Insekten verschiedenster Bauarten, die meisten davon so gebaut, dass sie beißen, stechen oder sonstwie unangenehm werden können.

TUN, WAS ZU TUN IST —— Der Gams ruht im Schatten, die Sonne brennt auf den Almrauschhügel und auf unsere Hinterköpfe. Hin und wieder drehen wir uns auf den Rücken, um nicht gar zu einseitig erwärmt zu werden. Der Jäger und die Eva erzählen sich leise die eine oder andere Jagdgeschichte, und wie sie sich dann wieder einmal umdrehen – jetzt liegen wir schon mehr als zwei Stunden im Almrausch –, steht der Gams in seiner ganzen Pracht und Herrlichkeit. Der Jäger sagt: „Eva, jetzt wird's aber ...“ Aber da hat die Jägerin schon getan, was zu tun ist, und der Gams fällt um wie ein Holzscheit.

Beim Bach zerwirken wir den Gams. Das Herz kriegt der Hund. Die Leber krieg ich und die haben wir dann am Abend bei der Hütte roh, nur mit ein paar Brösel Salz, gegessen.

Location: Revier in den Hohen Tauern, auf 2100 Meter über NN. Pirschgang im August 2018. Erlegtes Wildtier: Gamsbock, 9 Jahre alt, 28 kg.

Gamsfleisch verlangt nach alpiner Begleitung. Beeren, Gebirgskräuter und sogar Flechten harmonieren damit ausgezeichnet.

DIE REZEPTE

Weidmannsheil ist Glück für die Jägerin oder den Jäger, Freude für die Köchin und den Koch und alle, die gern gut essen.

Wildbret für die gute Küche!
Wie man es in fabelhafte
Gerichte verwandelt, steht auf
den nächsten Seiten.

DER JAGA

DER KOCH

Ein Privileg der Köchin und des Kochs: Vor dem kulinarischen Genuss kommt die Freude am kreativen Kochen.

Jäger und Köche erleben die Natur intensiver. Jeder Blickwinkel bietet eine neue Information und jeder Schritt kann eine andere Botschaft bringen. Der Jäger schaut weit nach vorn – auf Fährten und andere Spuren der Wildtiere. Der Koch schaut meist nach unten und ganz genau auf alle Dinge, die ihn unmittelbar umgeben. Denn der Koch ist im Revier kein Jagender, sondern ein Suchender …

... und Sammelnder. Es läuft ihm nichts davon, also kann er die Pirsch bedächtig angehen. Auch dem Koch sagt die Natur mit kleinen Zeichen, was sie ihm zu bieten hat. Weiche, federnde Böden zeigen an, dass darauf Pilze wahrscheinlich sind. Auf trockenen Wiesen darf der Koch auf aromatische Kräuter hoffen. Der harzige Duft der Bäume bringt ihn leicht auf Ideen für die Verwertung von Flechten und Wipfeln. Und so sind die Regungen der Natur für Koch und Jäger aufschlussreich und inspirierend.

DER INHALT

Der Inhalt

Was gesund lebt, ist auch gesund – das erweist sich auch am Fleisch von Wildtieren. Wildbret hat wertvolle Inhaltsstoffe, vergleichsweise wenige Kalorien und ist unbelastet von Medikamenten und anderen belastenden Begleiterscheinungen der intensiven Viehzucht.

PRO WILDGERICHTE

- → *Respekt vor der Natur – Wildtiere leben 100 % artgerecht*
- → *Gesund ernähren – Fleisch vom Wild hat einen hohen Gehalt an Omega-3-Fettsäuren und ist ernährungsphysiologisch wertvoll*
- → *Ethisch richtig handeln – wenn Wildtiere erlegt werden müssen, soll man sie auch bestmöglich verwerten*

DAS KOCHEN

Grillen ist die Garmethode mit der größten Nähe zur Natur, daher auch für die Zubereitung von Wildfleisch bestens geeignet. Archaisch sei dabei aber nur das offene Feuer und die Glut. Bei der Temperaturführung sollte man modern, also mit Feingefühl unterwegs sein.

Für die Zubereitung von Wildbret gibt es viele gute Gründe. Einer davon trägt das Kürzel Ω-3. Mit Omega-3 werden ungesättigte Fettsäuren bezeichnet, die der menschlichen Gesundheit zuträglich sind. Die guten Säuren findet man hoch dosiert in Nüssen und Samen, im Fleisch von Kaltwasserfischen und eben auch im Fleisch von landlebenden Wildtieren. Der Feldhase schlägt mit dieser Eigenschaft übrigens alle anderen Lieferanten von Wildbret um Längen, weil er sich rein pflanzlich ernährt und nicht wiederkäut wie Hirsch, Reh und andere Schalentiere (wobei ein Teil der ungesättigten Fettsäuren verloren geht).

Noch ein weiterer Umstand macht Wildbret ernährungsphysiologisch wertvoll: Es bringt deutlich weniger Brennwert auf die Kalorienwaage als vergleichbares Fleisch von Zuchttieren. Hirschfleisch beispielsweise hat durchschnittlich etwa 25 % weniger Kalorien als Rindfleisch, Wildgeflügel etwa 20 % weniger als Zuchtgeflügel, manche Teile vom Wildschwein wiegen in der Energiebilanz nur halb so schwer wie jene der gezüchteten Schweine.

Allein aus diesen Gründen kann man Wildbret als besonders bekömmliche Zutat für die Zubereitung von Speisen mit Fleisch klassifizieren. Und weil Wildtiere 100 % natürlich aufwachsen (nicht nur naturnah oder artgerecht, worauf Fleischproduzenten gern hinweisen, wenn sie die Qualität ihrer Ware unterstreichen wollen), haben sie ihr Leben lang keinen Kontakt mit Medikamenten und wachstumsfördernden Mitteln, die sich bei regelmäßiger indirekter Einnahme durch Menschen möglicherweise recht ungünstig auswirken würden.

Bevor Wildbret in den Verkauf gelangt, muss es – analog zur veterinärmedizinischen Fleischbeschau bei Schlachttieren – von einer kundigen Person begutachtet werden. Damit kann der Konsument sicher sein, dass das erlegte Tier frei von Krankheiten und Belastungen war, die auch dem Menschen Schaden zufügen könnten.

WILD KOCHEN, ABER RICHTIG ___ Wie die Rezepte der folgenden Seiten zeigen, bietet das Kochen mit Wildbret Chancen und Herausforderungen zugleich – Chancen, weil man Fleisch besonders variantenreich und kreativ zubereiten kann, und Herausforderungen, weil es die Köchin oder der Koch beim Wildbret mit sehr sensiblen Zutaten zu tun bekommt.

Der Jäger und der Koch mit gutem Ausblick auf Salzburger Berge. Weit und breit kein Wild zu sehen, außer auf dem Grill. Dafür ist der Koch zuständig, der Jäger hat da seine Arbeit schon getan.

LICHT UND GLANZ AUF DIE TELLER ___ Die Erkenntnis, dass es sich beim Fleisch vom Wild um einen recht heiklen Stoff handelt, spricht sich erst allmählich herum. Traditionalisten sehen das anders. Sie braten – im Irrglauben, dass kräftig schmeckendes, dunkles Fleisch eine rustikale Behandlung erfordert – Rehkeulen bei großer Hitze bis zur vollkommenen Trockenheit, verpassen dem von Natur aus mageren Fasan ein Speckhemd, um ihn derart verfettet viel zu lang im Backofen zu malträtieren, spicken den Hirschrücken mit Grünem Speck, um ihn saftiger zu machen – was der Hirschrücken gar nicht braucht, wenn man ihm nur seinen natürlichen Saft durch die Wahl einer passenden Garmethode belässt. Um es in einem Satz zu sagen: In der althergebrachten Art wurde Fleisch vom Wild gern totgekocht.

Dieser finsteren Zugangsart stellt die neue Wildküche ein frischeres Konzept entgegen. Eines, mit dem Licht und Glanz auf die Teller kommt und das den Zutaten ihre natürlichen Qualitäten belässt.

Um das Beste aus dem Wildbret zu holen, sollte vor allem der Vorbereitung des Fleisches, den Garmethoden und den Garzeiten höchstes Augenmerk geschenkt werden. Vorbereitung bedeutet beispielsweise, die Teile richtig zu zerlegen, um feinere Stücke von robusteren zu scheiden. Es bedeutet auch, manche Teile von kräftigem Federwild oder Wildschwein zu marinieren oder zu suren bzw. Teile von Hirsch, Gams oder – wenn sich die Gelegenheit aufdrängt – auch Steinbock oder Auerhahn zu trocknen.

Der mögliche Variantenreichtum der Wildzubereitung begründet sich in den Unterschieden von Geschmack und Textur des Fleisches verschiedener Wildtiere. Diese Unterschiede zeigen sich auch bei biologisch nahe Verwandten mitunter deutlich. So hat Fasan ein Fleisch mit recht verhaltenem Eigengeschmack, während Rebhuhn deutlich würziger und sogar nussig schmeckt. Wildenten merkt man auch geschmacklich an, dass sie am Wasser leben, und der Unterschied zwischen Fleisch vom Reh und Fleisch von der Gams ist mindestens so groß wie der zwischen Kalbfleisch und Rindfleisch.

Im Wechselspiel der Jahreszeiten und mit kulinarisch wertvollen Fundstücken aus den Revieren lässt sich die Wildküche immer anders und immer wieder interessant gestalten. Denn was zusammen wächst und gedeiht, passt meist auch vom Geschmack sehr gut zusammen.

Für den kreativen Umgang mit Wildbret kann man sich an eine leicht nachvollziehbare Leitlinie halten: Zusammenführen, was zusammen wächst und gedeiht. Damit gelangt man zu Getreide-Beilagen und -Füllen für Federwild, zu Wurzeln und Knollen bei der Zubereitung von Wildschweinfleisch, zu den Gebirgskräutern für Gams und Steinbock und zu Früchten und Beeren, wenn die Veredelung von Reh oder Rotwild ansteht.

KREATIV KOCHEN MIT ZUTATEN AUS DEM REVIER ___ Auch im Spiel mit saisonalen Fund- und Sammelstücken aus den Revieren können Köchinnen und Köche immer wieder für appetitanregende Überraschungen sorgen! Wenn der Maibock in Saison ist, wird einem sensiblen Wanderer und wachen Geist für kulinarische Ideen vielleicht ein Gericht mit Maiwipferln einfallen, wenn der Winter schon in der Tür steht und grad noch das letzte Fleisch von der Gams frisch zu haben ist, könnte man das zum Beispiel mit ein paar Flechten interessant veredeln. Wie dergleichen genau gehen kann, steht in den Rezepten auf den nächsten Seiten. Aber nur beispielsweise, denn kreative Küche kennt keine Grenzen (was für die kreative Wildküche ganz besonders gilt).

Kreativ kochen – Gerichte mit stimmigen Zutaten aus dem Lebensraum der Wildtiere und feinem Sinn für den Wechsel der Jahreszeiten komponiert.

SUCHEN, SAMMELN UND GENIESSEN

→ *Beeren passen zu sehr vielen Arten Wildbret und der Wacholder zu fast allen.*
→ *Kräuter bringen frische Würze rund ums Jahr – vom Bärlauch zum Maibock bis zum Gebirgswermut zu Hirsch und Gams.*
→ *Pilze liefern das passende Waldaroma – wer vorausschaut, konserviert sie für die kalte Zeit des Jahres.*

IM KOCH REVIER

„Jäger und Köche erleben die Natur intensiver. Jeder Schritt durch die Vegetation bringt eine Information, eine Botschaft. Weiche, federnde Böden können Standorte von Pilzen sein, auf trockenen Wiesen gedeihen intensiv aromatische Kräuter. Der Duft von Wäldern und Bäumen bringt uns auf Ideen für die Verwertung von Blüten und Sprossen. Die Regungen der Natur sind sehr inspirierend."

DER KOCH

Rudi Obauer

Karl und Rudi Obauer

Rudolf Obauer ist Koch, und zwar einer der maßgeblichsten für die Entwicklung der kulinarischen Genusskultur in Österreich und darüber hinaus. Gemeinsam mit seinem Bruder Karl betreibt er das Restaurant-Hotel Obauer in Werfen, das seit mehr als zwanzig Jahren ohne Unterbrechung als einer der besten Orte für hohe Genusskultur in Österreich und dem deutschsprachigen Raum gilt. Zuletzt wurden Rudolf und Karl Obauer von Gault-Millau als „Köche des Jahrzehnts" ausgezeichnet. Aus einer Familie mit Metzgerei stammend, lernte Rudolf Obauer schon in der Kindheit den Wert und die Wichtigkeit von hochwertigen Nahrungsmitteln kennen. In seiner Ausbildung, bei der Vertiefung seiner Kenntnisse in einigen der besten Restaurants in Frankreich und vor allem bei seiner Tätigkeit im Restaurant in Werfen entwickelte Rudolf Obauer eine eigene Handschrift, die von der primären Verwendung regionaler Zutaten, behutsamer Behandlung der Ingredienzen und der größtmöglichen Bewahrung des Naturgeschmacks bestimmt ist.

Wild, das wie keine andere Ressource für Fleisch artgerecht und natürlich entsteht, hat in Obauers Küche eine spezielle Bedeutung, spiegelt sich doch in der Verfügbarkeit frischen Wildbrets und all der anderen Zutaten aus den Revieren – Pilzen, Beeren, Wildkräutern … – der Jahreslauf kulinarisch reizvoll wider.

Der ethische Aspekt ist Rudolf Obauer bei seiner Arbeit von zentraler Bedeutung. Deshalb achtet er sehr genau darauf, unter welchen Umständen die Zutaten für seine Küche gewonnen werden, ob bei seinen Partnern in der Landwirtschaft nachhaltig gewirtschaftet wird und ob die Tiere ein gutes Leben auf den Weiden haben. Als Mensch, der aus der Begegnung mit der Natur viel Energie bezieht, behandelt Rudolf Obauer die Gaben der Natur mit großem Respekt. Das zeigt sich auch in seinem steten Streben, alle Rohstoffe und Zutaten für seine Küche bestmöglich und möglichst komplett zu verwerten und zu veredeln. Was andere, vielleicht weniger naturverbundene Köche nicht nutzen, verwandelt Rudolf Obauer in große Delikatessen – was mitunter erheblichen Arbeitsaufwand und Know-how erfordert, aber von Rudolf Obauer als besonders sinnstiftende und beglückende Tätigkeit im Berufsbild des Kochs verstanden wird. Im scheinbar Nebensächlichen und Unbedeutenden das Wertvolle zu sehen, ist ein besonderes Talent von Rudolf Obauer. Den Blick dafür hat er in Jahrzehnten geschult, wie auch der Jäger die verborgenen Zeichen der Natur zu interpretieren weiß.

„Die Natur ist für den Koch eine reiche Quelle für erstklassige Zutaten, für Ideen und das Verständnis dafür, was gut zusammenpasst. Meist harmonieren Zutaten miteinander, wenn sie aus einem Lebensraum kommen, und so lässt sich das Wildbret mit jenen Kräutern, Beeren und Früchten reizvoll kombinieren, die den Tieren als Nahrung zur Verfügung stehen."

Eine Wildgans, gefüllt mit Milchbrot und Sauerkraut und vorbereitet für die Zubereitung mit Bieressigsauce wie auf Seite 037 beschrieben.

FEDER WILD

Von seltenen Vögeln und solchen, die uns die Jagd in reichem Maß beschert – von Wachteln und Birkhähnen bis zu Fasanen, Rebhühnern und Enten.

Der Unterscheid zwischen Wildgans und Gans aus der Geflügelzucht ist wie der bei Fisch aus der freien Wildbahn und dem aus einem Teich oder Gehege: Das Fleisch hat mehr Spannkraft, Biss und Aroma.

Der Herbst ist die Saison für Gerichte mit Federwild, deshalb kombiniere ich es gern mit Pilzen und kräftigem Gemüse, mit Getreide und Nüssen.

DIE REZEPTE

Honigwachteln

mit Rollgerste

Zutaten für 4 Portionen

4 Wachteln
Salz
Honig
Bachkresse o. Rettichsprossen
Erdnussöl
evtl. Kürbiskernöl
Zucchini
Pfeffer

Für den Honigsirup

$\frac{1}{16}$ l Himbeer- o. Brombeeressig
2 EL Honig
Portwein oder Sherry

Für die Rollgerste

150 g Rollgerste
1 Zwiebel o. 4 Schalotten
Erdnussöl
50 g Speck
Butter
weißer Balsamessig
schwarzer Pfeffer
Salz

Wachteln am Brustbein einschneiden, Fleisch von den Knochen schneiden und in Bruststücke und Keulen trennen (die Keulenknochen werden nicht ausgelöst).

Fleisch in einer Mischung aus ½ l Wasser, 12 g Salz und 1 TL Honig über Nacht suren (dadurch werden die Wachteln beim späteren Braten besonders weich und saftig).

Rollgerste über Nacht in kaltem Wasser einweichen.

Zwiebel oder Schalotten schälen und in Spalten schneiden. Wasser von der Gerste abgießen, Gerste in 2 EL Öl anschwitzen. ½ l Wasser oder Gemüsefond zugießen, Speck, Zwiebel, Salz und Pfeffer einrühren. Gerste zugedeckt weich kochen (dauert ca. 20 Minuten). 1 EL Butter einrühren, mit Essig, Salz und Pfeffer abschmecken.

Für den Honigsirup Essig mit Honig und einem Schuss Portwein oder Sherry aufkochen. So lange kochen, bis ein leicht fließender Sirup entstanden ist.

Fleisch aus der Marinade heben, trocken tupfen und in Öl anbraten, nach 20 Sekunden wenden und im Backofen bei 180 °C fertig braten; das Fleisch sollte im Kern rosa bleiben.

Fleisch durch den Honigsirup ziehen und auf Rollgerste anrichten. Eventuell mit geriebener Limettenschale bestreuen.

Zur Variation: Die Wachteln machen sich auch in einer arabisch-nordafrikanisch inspirierten Zubereitung gut, indem man den Honigsirup mit Zimt, Muskatnuss, Kardamom und Piment aromatisiert und statt der Rollgerste Couscous als Beilage gibt.

Wildgansmagen und -herz

mit Topinambursuppe

Zutaten für 8 Portionen

ca. 300 g Gänsemägen und -herzen

ca. 300 g Gänsefett

400 g Topinambur

1 Zwiebel oder 4 Schalotten

1 Zehe Knoblauch

½ l Gänse- o. Hühnersuppe

¼ l Obers

Haselnusspaste

Salz

Pfeffer

frischer Majoran

Butter

Kürbiskernöl

evtl. Topinamburblüten

Mehr vom Topinambur: Topinamburchips sind nicht nur eine geeignete Beilage zu dieser Suppe, sondern vielfältig verwendbar – zum Beispiel als Knabberei zum Schaumwein, zu gebratenem Fisch, für eine feinere Art von Fish & Chips oder zu kurz gebratenem Wild.

Und so werden die Chips gemacht: Topinamburknollen gut reinigen, in dünne Scheiben hobeln und für ca. 20 Minuten in kaltes Wasser legen. Chips aus dem Wasser heben und gut trocken tupfen. In einer großen Pfanne reichlich Pflanzenöl erhitzen (stimmigerweise Sonnenblumenöl, da Topinambur zu den Sonnenblumengewächsen zählt). Sobald das Öl beim probeweisen Einlegen eines Topinamburscheibchens leicht zischelt, Topinamburscheiben ins heiße Öl geben (immer nur so viele, dass sie schwimmen und nicht zu sehr übereinander liegen). Sobald die Chips Farbe zeigen, mit einem Schaumlöffel aus dem Öl heben, über der Pfanne kurz abtropfen lassen und auf Küchenpapier locker auflegen. Weitere Chips ebenso zubereiten. Vor dem Servieren leicht salzen.

Gänsemägen und -herzen gut waschen. Jedes Stück der Innereien kreuzweise fein einschneiden. Innereien trocken tupfen und in reichlich Gänsefett ca. eine dreiviertel Stunde confieren (köcheln).

Topinambur unter fließendem Wasser bürsten, bis die Knollen ganz sauber sind. Topinambur in Scheiben schneiden. Zwiebel oder Schalotten schälen und feinblättrig schneiden. Knoblauch schälen und blättrig schneiden.

1 EL Gänsefett in einem Topf erhitzen. Topinambur, Zwiebel oder Schalotten und Knoblauch darin kurz dünsten. Mit Suppe, Obers und ½ l Wasser aufgießen und köcheln, bis die Topinambur ganz weich sind (dauert ca. 20 Minuten). Suppe mit dem Stabmixer nicht zu kräftig mixen und durch ein nicht zu feines Spitzsieb streichen. Einen gestrichenen EL Nusspaste einrühren. Suppe nochmals aufkochen. Mit Salz und Pfeffer abschmecken, ca. 1 EL Majoranblättchen einrühren. Falls erforderlich, Suppe durch Stärkemehl binden: Stärkemehl in wenig kaltem Wasser auflösen, so viel davon in die Suppe rühren, dass sich eine leichte Bindung ergibt.

Innereien aus dem Fett heben, trocken tupfen und auf die Teller verteilen. 1 EL Butter in die Suppe geben. Suppe mit dem Stabmixer schaumig schlagen und auf die Innereien schöpfen. Mit Kernöl und evtl. Topinamburblütenblättern garnieren. Als Beilage evtl. Topinamburchips geben (siehe Anmerkung links).

Was tun mit dem restlichen Gänsefett? **Rillette zubereiten!** *Gänse- oder Entenfleisch fein schneiden oder grob faschieren und mit Salz, Pfeffer und/oder zerdrückten Pimentkörnern sowie Kräutern wie Majoran, Petersilie und Quendel im Fett kochen und mit dem Fett in Gläser füllen. Ergibt einen guten Brotaufstrich für die kältere Zeit des Jahres, den Pirschgang zu allen Jahreszeiten und die Begleitung von kräftigen Getränken.*

Wildtauben

mit Couscous-Fülle

Zutaten für 4 Portionen

4 Tauben

Fruchtessig

Süßwein oder Fichtenwipfelsirup (Rezept siehe rechts)

Butter

Mehl

schwarzer Pfeffer

Salz

Für den Fichtenwipfelsirup

Fichtenwipfel

Kristallzucker

Für den Couscous

100 g Couscous

Amarenakirschen

kandierter Ingwer

Rhabarber

Datteln

Rosinen

Orangeat

Erdnussöl

Kurkuma

Kreuzkümmel

Salz

Zur Variation: Wenn man die Tauben nicht füllen will, kann man den Couscous oder anderes Getreide wie Bulgur oder Hirse als Beilage geben. Die Garzeit der ungefüllten Tauben ist ca. 5 Minuten kürzer.

Fichtenwipfel waschen und schichtweise abwechselnd mit reichlich Kristallzucker in ein Einsiedeglas legen. Glas verschließen und an einem hellen Ort (z. B. am Fenster) ungefähr ein halbes Jahr stehen lassen. Sirup durch ein Sieb gießen.

Für die Fülle Couscous in Öl anschwitzen. ⅛ l kochendes Wasser zugießen, Topf zudecken, vom Herd nehmen, Couscous ca. 10 Minuten quellen lassen.

Couscous mit den folgenden Zutaten vermischen: 1 EL Rosinen, 1 EL Amarenakirschen, 2 EL gehacktes Orangeat, 1 EL gehackter Ingwer, 3 EL blättrig geschnittener Rhabarber, 3 EL klein geschnittene Datteln, je eine Prise Kurkuma, gemahlener Kreuzkümmel und Salz.

Tauben innen waschen und mit Couscous füllen. Öffnung mit Zahnstochern verschließen. Tauben in eine Pfanne mit geschmolzener Butter setzen, mit Butter bestreichen, salzen, pfeffern und im Backofen bei 200 °C etwa 25 Minuten braten.

Tauben aus der Pfanne heben und Fett abgießen. Bratensatz mit 1 TL Mehl bestreuen, einen Spritzer Essig zugießen, mit einem Schuss Süßwein oder Fichtenwipfelsirup und Wasser ablöschen, kurz kochen lassen und die Sauce durch ein Sieb streichen. Tauben mit Sauce beträufelt servieren.

Wildentensugo

mit Farfeln

Zutaten für 6 Portionen

600 g Wildentenkeulen (ohne Haut)

9 Schalotten

100 g Karotten

4 Knoblauchzehen

½ l Rotwein (z. B. Cabernet Sauvignon)

70 g Petersilie

150 g Enten- oder Gänseleber

⅛ l Entenfett

Kümmel

Anissamen

Salz, Pfeffer

Apfel-Balsamessig oder guter Balsamicoessig

Für die Farfeln

300 g griffiges Mehl

3 Eier

Milch

Salz

Muskatnuss

Butter

Suppe (bzw. Wasser mit Suppenwürfel)

Auf Vorrat: Das Wildentsensugo hält tiefgekühlt mindestens sechs Wochen. Hat man es auf Vorrat, kann man die Familie oder Gäste ganz schnell mit einem schmackhaften Wildgericht erfreuen.

Entenfleisch auslösen. Schalotten, Karotten und Knoblauch putzen oder schälen.

Entenfleisch, Schalotten, Karotten, Knoblauch und Petersilie grob faschieren.

Entenfett erhitzen. Faschiertes darin anschwitzen, Salz, Pfeffer und je 1 Msp. Kümmel und Anissamen zugeben. Mit Wein aufgießen. Ca. 1 Stunde bei offenem Geschirr köcheln. Mit Salz, Pfeffer und Essig abschmecken.

Für die Farfeln Mehl mit Eiern, Milch, Salz und geriebener Muskatnuss schlagen. So viel Milch geben, dass der Teig zäh wird.

In einem geräumigen Topf gesalzenes Wasser aufkochen. Ein Brett mit heißem Wasser befeuchten. Eine Portion vom Farfelteig auf das Brett streichen und mit einem Messer Farfeln ins Kochwasser schaben. Rest des Teiges ebenso verarbeiten. Sobald die Farfeln an die Oberfläche steigen, sind sie ausreichend gekocht.

Farfeln aus dem Wasser heben und in eiskaltes Wasser legen. Nach dem Abschrecken in ein Sieb geben und gut abtropfen lassen.

Kurz vor dem Servieren Farfeln in einer Pfanne mit Butter und einem guten Schuss Suppe erhitzen. Sugo mit Farfeln servieren.

VOGELBEERKONFITÜRE

Beeren der Mährischen Eberesche oder Vogelbeere tiefkühlen (dadurch verlieren die Beeren Bitterstoffe). Für 1 Liter Vogelbeeren 600 g Kristallzucker mit so viel Wasser vermischen, dass dickes Zuckerwasser entsteht. Zuckerwasser kochen, bis es als dicker Faden vom Löffel fließt. Beeren darin aufkochen und heiß in Gläser füllen.

PREISELBEERKONFITÜRE

1 kg Preiselbeeren mit 400 g Kristallzucker, dem Saft einer Orange und einer Zitrone sowie 4 cl Cognac in einer Küchenmaschine bei geringer Drehzahl so lange rühren, bis der Zucker aufgelöst ist.

HAGEBUTTENMARMELADE

Hagebuttenmarmelade passt zu allen Arten Wild und dunklem Fleisch. Das Rezept finden Sie auf Seite 099.

Einkochen & einlegen

RO — Alles, was eine kurze Saison hat, kommt bei uns ins Glas – von den Beeren und Pilzen bis zu Wildfrüchten. Kräuter lege ich gern in Salz ein und habe so hocharomatische Würzmittel.

Die Jagd nach Wildgewürzen

Wer mit wachen Sinnen durch die Natur geht, kann sie finden: Bergthymian alias Quendel, wilden Majoran alias Dost, Brennnesseln, deren getrocknete Samen eine Prise Naturgeschmack in die Speisen bringen, Wacholder, dessen Beeren – aber auch Zweige und Nadeln – in der guten Wildküche nützlich sind: Alles Zutaten, die man bei seinen Wanderungen durchs Revier nicht links liegen lassen sollte.

RECHTS IM BILD: WILDER KÜMMEL

ZU FINDEN BEI DEN REZEPTEN

Wildentensugo, Seite 025
Gefüllte Wildgans, Seite 036
Fasanenmus, Seite 041
Rehbeuschel, Seite 064
Hirschkalbskutteln, Seite 085
Hirschherz, Seite 090
Hirschsuppe, Seite 092
Hirschragout, Seite 093
Gamscarpaccio, Seite 110
Wildsautascherln, Seite 128
Wildsaugulasch, Seite 131
Gesurte Wildsauschnitzel, Seite 133
Wildfleischknödel, Seite 146
Murmeltier, Seite 154

Rebhuhn-Cappuccino

mit Pilzen

Zutaten für 4 Portionen

4 Rebhühner

1 kleine Knolle Knoblauch

Schalotten

Erdnussöl

trockener Sherry

Crème fraîche

Salz, Pfeffer

Butter

Für die Pilze

2 Handvoll Pilze der Saison

1 kleine Zwiebel

1 Zehe Knoblauch

Erdnussöl

Curry

Milch

Wer mit offenen Augen im Revier unterwegs ist und sich mit Pilzkunde beschäftigt hat, wird reichlich fündig werden. Über die sehr häufig genutzten Steinpilze und Eierschwammerl hinaus sind kulinarisch ebenso wertvoll: Reizker, Täublinge, Maronenröhrlinge, Birkenpilze, Herbsttrompeten und sogar Semmelstoppelpilze. Freilich muss die Regel gelten: Nur sammeln und verarbeiten, was man zweifelsfrei als genießbar bestimmen kann, denn im Reich der Pilze gibt es zwar wenige Gefahren, einige davon sind allerdings lebensbedrohlich.

Rebhühner vorbereiten: Keulen bei den Hüftgelenken abtrennen, Brüste von den Karkassen schneiden, Haut abziehen. Karkassen ein paar Mal durchhacken oder mit der Geflügelschere klein schneiden, gemeinsam mit einer kleinen Knolle Knoblauch und ein paar Schalotten (beides kann in der Schale bleiben) in Erdnussöl anbraten. Mit einem guten Schuss Sherry ablöschen, Keulen zugeben, so viel Wasser zugießen, dass alles bedeckt ist und so lang köcheln, bis das Fleisch der Keulen weich ist.

Flüssigkeit durch ein Sieb gießen und auf ca. ⅛ l einkochen. 3 EL Crème fraîche einmixen. Reduktion mit Salz und Pfeffer abschmecken. Fleisch warm halten.

Pilze putzen und hacken. Zwiebel und Knoblauch schälen und klein schneiden. Alles in einem Schuss Erdnussöl mit einer Prise Curry dünsten, bis die Flüssigkeit der Pilze verdampft ist.

Rebhuhnbrüste in aufschäumender Butter beidseitig ganz kurz und bei mäßiger Hitze braten (dauert nur wenige Minuten). Rebhuhnbrustfleisch in mundgerechte Scheiben schneiden.

Pilze am besten in Glasschalen verteilen, darauf das Brustfleisch und die Keulen geben, mit Reduktion überziehen. Ca. ¼ l Milch auf ca. 60 °C erhitzen und mit dem Stabmixer schaumig aufschlagen. Milchschaum als Topping in die Gläser geben.

Dazu passt auch gekochter Mais (in der Suppe mitkochen, bis die Körner weich sind).

Wildgansleber

mit Herbsttrompeten, Kürbis, Kaki und Maroni

Zutaten für 4 Portionen

12 Maroni

1 gute Handvoll Herbsttrompeten

1 reife (weiche) Kaki

150 g Kürbis (am besten der Sorte „Langer von Neapel")

1 Orange (unbehandelte Schale)

Kräutersalz (am besten mit Beifuß, Majoran und Ysop, auch Kümmel kann dabei sein)

500 g Wildgansleber

Gänsefett oder Butterschmalz

Balsamicoessig

Walnussöl

Maroni auf den gewölbten Seiten einschneiden und im Ofen bei größter Hitze braten, bis sie sich schälen lassen.

Pilze sorgfältig putzen (feuchte Pilze aussortieren, nur trockene Herbsttrompeten sind gute Herbsttrompeten).

Kaki in Stücke schneiden und durch ein Sieb drücken (ergibt Kakimark). Kürbis schälen und in dünne Stifte schneiden. Von der Orange die Schale in feinen Streifen abheben („Zesten reißen") und den Saft ausdrücken. Kürbis mit Orangenzesten, Orangensaft und Kräutersalz marinieren.

In einer Pfanne 1 EL Gänsefett oder Butterschmalz schmelzen. Lebern einlegen und bei mäßiger Hitze behutsam braten (dauert nur wenige Minuten). Mit ein paar Spritzern Essig ablöschen, aus der Pfanne heben und vor dem Servieren mindestens ein paar Minuten ruhen lassen (idealerweise kommt die Leber lauwarm auf die Teller).

In einer Pfanne einen Schuss Öl erhitzen. Pilze darin kurz und heftig braten. Pilze und Kakimark auf Teller geben. Leber in Scheiben schneiden und mit dem Kakimark und den Pilzen gefällig auf die Teller legen. Kürbisstifte und Maronischeiben oder -stücke auf die Pilze streuen. Ein wenig vom Gänsefett, in dem die Lebern gebraten wurden, auf die Teller träufeln. Leber leicht salzen.

Herbsttrompeten gibt es nur wenige Wochen im Jahr. Man sollte die Verfügbarkeit dieser Pilze nutzen und sich einen schönen Vorrat anlegen. Getrocknet halten Herbsttrompeten mindestens bis zur nächsten Saison.

Anmerkung zur Variation: Statt der Herbsttrompeten kann man auch andere schmackhafte Pilze wie Steinpilze oder Maronenröhrlinge verwenden. Statt Kaki kann man auch eine andere süßliche Frucht wie Mango verwenden.

LIEBSTÖCKEL ALIAS MAGGIKRAUT

Das Würzmittel daraus ist bei folgenden Rezepten zu finden:

Wildgansbrust mit Bulgursalat, Seite 035
Wildkaninchen, Seite 050
Gamstatar, Seite 117
Wildsulz, Seite 149
Wildwickler, Seite 152
Murmeltier, Seite 154

Liebstöckelextrakt

für den vollen Kräutergeschmack

Zutaten

2 Hände voll Liebstöckel

1–2 Hände voll weitere Kräuter wie Melisse, Estragon, Bohnenkraut und wildwüchsige Kräuter wie „Indianernessel“

1 Handvoll getrocknete Herbsttrompeten

2 EL Rohrzucker

Pfeffer

Salz

Kräuter und Pilze mit Zucker und 1 TL gemahlenem Pfeffer in einen Topf geben. Falls man keine Herbsttrompeten auf Lager hat, kann man auch getrocknete Steinpilze oder Maronenröhrlinge verwenden. So viel kaltes Wasser zugießen, dass die Blätter und Pilze vollkommen bedeckt sind. Dabei die zugegebene Wassermenge messen. Pro Liter Wasser 100 g Salz in die Kräuter-Pilze-Mischung rühren.

Alles ganz allmählich erhitzen, damit schon in diesem Stadium der Zubereitung reichlich Aromastoffe ausgelaugt werden.

Sobald das Wasser zu kochen beginnt, Topf von der Hitze nehmen, einen Deckel auf den Topf legen und alles mindestens 20 Minuten ziehen lassen.

Flüssigkeit durch ein feines Sieb in Flaschen gießen, Flaschen verschließen und den Extrakt im heißen Wasserbad sterilisieren. So konserviert hält sich der Liebstöckelextrakt gut und gerne ein Jahr.

Anmerkung zur Nützlichkeit: Wer Liebstöckel im Garten hat, weiß es: Dieses Kraut wuchert ungemein und ist auch bei häufiger Verwendung nicht klein zu kriegen. Die Zubereitung von Liebstöckelextrakt ist eine hervorragende Möglichkeit zur kulinarisch reizvollen Verwertung dieser Pflanze. Was man nicht selbst verbrauchen kann, eignet sich bestens als Geschenk für Menschen mit Geschmack.

Anmerkung zur Variation: Dieses Würzmittel fällt je nach Verfügbarkeit, Geschmacksintensität und Mischung der Kräuter verschieden aus. Man sollte nicht danach trachten, immer wieder das genau gleiche Aroma herzustellen, schließlich unterscheiden sich individuell zubereitete Gerichte von industriell erzeugter Nahrung durch saisonale Schwankungen und Variationsvielfalt.

Wie die bekannte „Maggiwürze“ kann man Liebstöckelextrakt für die Geschmacksverstärkung von Suppen und Saucen verwenden (mit dem Vorteil, dass dieser „Geschmacksverstärker“ ganz ohne Glutamat auskommt und völlig natürlichen Ursprungs ist).

Wildganskeulen

in Kohlsuppe mit Nussbrot

Zutaten für 8 Portionen

1 kl. Grünkohl

1 Zwiebel

3 Zehen Knoblauch

2 Wildganskeulen

Erdnussöl

2 l Geflügelsuppe

2 mehlige Kartoffeln

50 g Walnusskerne

schwarzer Pfeffer

Salz

Apfel-Balsamessig

Majoran

Für das Nussbrot

500 g Roggenmehl

1 TL Salz

10 g Hefe

250 g Walnusskerne

50 g Rosinen

Majoran

schwarzer Pfeffer

Salz

Zuerst das Nussbrot backen: Alle Zutaten außer den Nüssen und Rosinen mit 350 ml Wasser in die Rührschüssel einer Küchenmaschine geben, dabei die Hefe in kleine Stücke bröseln. Mit geringer Geschwindigkeit ca. 10 Minuten kneten. Nüsse und Rosinen zugeben und einarbeiten. Teig mit Mehl bestreuen, mit einem Tuch bedecken und mindestens eine halbe Stunde ruhen lassen. Teig zu 3 Broten formen und auf ein Blech setzen. Mit Mehl bestreuen, mehrfach einschneiden und bedeckt nochmals aufgehen lassen. Brote in den auf maximale Hitze vorgeheizten Backofen schieben (gut wären 300 °C).

Nach 5 Minuten die Hitze auf 200 °C reduzieren, einen Schuss Wasser auf das Backblech gießen und das Brot fertig backen. Die Backzeit des Brotes ist überaus variabel und von der Leistung des Backofens abhängig.

Zur Garprobe aufs Brot klopfen: Wenn ein dumpfer Ton hörbar wird, ist es ausreichend gebacken. Ganz genau lässt sich der Zustand mit einem Thermometer feststellen: Bei 92 °C Temperatur im Innersten des Brotes ist es perfekt.

Für die Suppe die äußeren Blätter vom Kohl entfernen. Kohl in feine Streifen schneiden. Zwiebel und Knoblauch schälen und klein schneiden. Gänsekeulen auslösen. Fleisch in feine Streifen schneiden, Haut kleinwürfelig schneiden.

Einen guten Schuss Öl erhitzen und das Fleisch darin anbraten. Zwiebel, Knoblauch und Kohl einrühren. Mit Suppe aufgießen und alles ca. 30 Minuten köcheln.

Kartoffeln schälen, in kleine Würfel schneiden, in die Suppe geben und 15 Minuten köcheln. Suppe mit grob gemahlenem Pfeffer, Salz und Essig abschmecken.

Ganslhaut zu Grammeln braten. Nüsse hacken, in einer Pfanne ohne Fett anrösten und mäßig salzen. Suppe in Teller schöpfen, mit gerösteten Nüssen, Ganslgrammeln und ein wenig Majoran bestreuen. Nussbrot als Beilage geben.

Zum Nussbrot: Das bleibt erstaunlich lange saftig und ist die richtige Beilage für alle Arten von getrocknetem oder geräuchertem Fleisch und natürlich auch zum Käse.

Wildgansbrust

mit Bulgursalat

Zutaten für 4 Portionen

150 g Bulgur

2 rote Spitzpaprika

Olivenöl

Salz

Zitronensaft

1 Fleischtomate

12 Jungzwiebeln

200 g geräucherte, getrocknete Wildgansbrust (Rezept unten links) oder Wildschinken (Rezept auf Seite 148)

Liebstöckelextrakt (siehe Seite 032)

Kreuzkümmel

schwarzer Pfeffer

Curry

Bulgur in eine Schüssel geben. Nach und nach ca. 150 ml kochend heißes Wasser zugießen. Dabei immer wieder umrühren. Schüssel zudecken und den Bulgur etwa 20 Minuten quellen lassen.

Paprika putzen und in ein wenig Olivenöl leicht farbgebend braten. Paprika in Streifen oder Würfel schneiden, mit Salz und ein paar Tropfen Zitronensaft würzen.

Von der Tomate den Strunk ausschneiden und die Haut der Tomate oben kreuzweise einritzen. Tomate für ca. 10 Sekunden in kochendes Wasser legen, mit eiskaltem Wasser abschrecken, Haut abziehen, Kerne entfernen und das Fruchtfleisch in Würfel schneiden. Von den Jungzwiebeln Wurzelansatz und dunkelgrüne Blattenden entfernen und die Zwiebeln klein schneiden.

Paprika- und Tomatenwürfel mit Bulgur vermischen und den Salat mit Liebstöckelextrakt, gemahlenem Kreuzkümmel, Pfeffer, Zitronensaft und Curry abschmecken.

Gänsebrust oder Schinken in hauchdünne Scheiben schneiden und rund um den Salat auf die Teller legen.

Wildgansbrust zuputzen (die Haut bleibt dran) und in einer Mischung aus 3 zerdrückten Wacholderbeeren, geriebener Schale von 1 Orange, 2 TL Rohrzucker, 1 TL zerdrückten schwarzen Pfefferkörnern, einer guten Prise getrocknetem Oregano und Pökelsalz (davon pro kg Fleisch 22 g) rundum wenden, vakuumieren und zwei Wochen marinieren. Fleisch aus dem Vakuumbeutel nehmen, säubern und an einem luftigen, kühlen Ort zwei bis drei Wochen trocknen. Zusätzlich kann man die Wildgansbrust vom Metzger räuchern lassen.

Zur Variation: Statt Bulgur kann man auch andere Getreidesorten wie Goldhirse oder Quinoa verwenden.

Gefüllte Wildgans

mit Bieressigsauce und Rübensalat

Zutaten für 6 Portionen

1 Gans (ca. 2,50 kg, küchenfertig)
Senf
Salz, Pfeffer

Für die Fülle

Ingwer
Leber von der Gans
6 Dörrzwetschgen
150 g Sauerkraut
3 EL Leinsamen
Majoran
4 dicke Scheiben Milchbrot
Salz, Pfeffer
Kümmel
Knoblauch gepresst

Für die Sauce

Weizenmehl
½ l dunkles Hefeweizen-Bier
¼ l Balsamicoessig
⅛ l Sojasauce
Salz, Pfeffer

Für den Salat

4 kleine Rote Rüben
Kümmel
Salz
Himbeeressig
Distelöl
Kren
Cassis (Johannisbeerlikör)
Tabasco
Maisstärkemehl

Die Haut der Gans entlang des Rückgrats durchschneiden. Fleisch von der Karkasse schneiden, dabei darauf achten, dass die Haut auf der Brustseite zusammenhängend bleibt. Keulen und Flügel an den Gelenken vom Rumpf trennen. Ausgelöste Gans mit der Hautseite nach unten auflegen, mit Senf bestreichen, salzen und pfeffern.

Für die Fülle Ingwer schälen und fein schneiden (ca. 1 Teelöffel voll). Leber klein schneiden. Zwetschgen auf die Gans geben, Kraut darauf verteilen. Mit Leber, Leinsamen, Ingwer und Majoran bestreuen, mit Milchbrot belegen. Gans über der Fülle vernähen, außen mit Salz, Pfeffer, Kümmel und gepresstem Knoblauch einreiben. Knochen hacken. Gans mit der Brust nach unten in einen schweren Bräter legen. Knochen dazugeben und so viel Wasser in das Geschirr gießen, dass es ca. 1 cm hoch steht.

Gans bei 200 °C ca. 45 Minuten garen. Fett abschöpfen. Knochen mit 2 EL Mehl bestreuen. Gans wenden. Bier, Essig und Sojasauce zugießen. Gans weitere zwei bis drei Stunden garen. Immer wieder mit Saft überschöpfen. Gans aus dem Topf heben und ca. 1 Stunde bei 60 °C rasten lassen.

Sauce durch ein Sieb gießen. Eventuell noch ein wenig binden: Maisstärkemehl in Wasser anrühren, so viel davon in den Saft einkochen, dass sich eine leichte Bindung ergibt. Mit Salz und Pfeffer abschmecken. Gans in Scheiben schneiden, auf Teller geben und Saft dazugießen.

Für den Salat Rüben gut waschen und in Wasser mit Kümmel und Salz weich kochen. Rüben aus dem Fond heben und kalt abschrecken. Ca. ⅛ l Fond für die spätere Verwendung reservieren. Schale von den Rüben rubbeln, Rüben in Stücke schneiden oder hobeln. Für die Marinade Essig, Öl, geriebenen Kren, Cassis, Tabasco und Rübenfond aufkochen. Mit in kaltem Wasser angerührtem Maisstärkemehl leicht binden. Marinade mit den Rüben vermischen.

Gans in Scheiben schneiden, auf Teller geben und mit Sauce überziehen. Eventuell mit Kumquatkompott garnieren. Salat als Beilage geben.

Auerhahn

mit geschmorten Wiesenchampignons

Zutaten für 4 Portionen

1/2 kg Wiesenchampignons

Erdnuss- oder Walnussöl

trockener Sherry

2 Schalotten

1 Zehe Knoblauch

Butter

Kreuzkümmel

Quendel bzw. Oregano

Anisschnaps wie Pernod

Salz

Frischkäse aus Ziegen- oder Kuhmilch (am besten von Gunther Naynar aus dem Lungau)

Kräuter wie Petersilie, Kerbel oder Liebstöckel

250 g luftgetrocknete Auerhahnbrust (siehe Seite 148)

Balsamicoessig

Was tun mit den Champignonstielen? Zum Beispiel für die Zubereitung von Liebstöckelextrakt (wie auf Seite 032 beschrieben) verwenden oder in Wasser mit wenig Salz und dem Grünen von Jungzwiebeln köcheln. Dieser Fond eignet sich sehr gut für die Zubereitung von Pilzrisotto.

Champignons putzen und waschen, Stiele aus den Kappen drehen. In eine Pfanne je einen Schuss Öl und Sherry gießen. Pilzkappen mit den Öffnungen nach oben in die Pfanne setzen.

Schalotten und Knoblauch schälen. Schalotten, Knoblauch und die Stiele der Pilze fein hacken und alles in 1 EL Butter schmurgeln, bis die aus den Pilzen tretende Flüssigkeit verdampft ist. Mit Kreuzkümmel, einem Spritzer Destillat und Salz abschmecken.

Kräuter hacken. Kräuter und 1 bis 2 EL Frischkäse mit den Champignonstielen verrühren. Pilzkappen mit dieser Masse füllen. Bei 180 °C im Backofen garen, bis die Pilze weich sind (dauert ca. 15 Minuten, die Garzeit hängt sehr von der Größe der Pilzkappen ab.)

Die eventuell noch vorhandene Pilzfülle auf Teller geben, Champignons darauf setzen, dünne Scheiben vom getrockneten Auerhahn dazugeben und mit Essig ganz leicht beträufeln. Eventuell Trüffel oder kleine, feste Steinpilze darüber hobeln und mit Quendelblüten garnieren.

Anmerkung zur Variation: Da Auerhahn ein besonders seltener Vogel ist und strengen Schutzbestimmungen unterliegt, wird man das Fleisch selten angeboten erhalten. Die hier beschriebene Zubereitungsart eignet sich ebenso gut für anderes luftgetrocknetes Fleisch von Wild- oder Zuchttieren.

ZU FINDEN BEI DEN REZEPTEN

Fasanenmus, rechte Seite
Gratinierte Hirschkalbskutteln, Seite 085
Gebeiztes Hirschfilet, Seite 094
Mariniertes Wildsaufilet, Seite 137
Kohlrabi-Wildwickler, Seite 152

Bergkäse

Für die Zubereitung von Gerichten aus geschmackskräftigen Zutaten wie Wildfleisch darf auch der Käse kein Schwächling sein! Gut gereifter Bergkäse passt dort, wo er gerieben wird, junger bei allen Zubereitungen, in denen der Käse schmelzen soll.

Fasanenmus

mit Mangold in Variationen

Zutaten für 4 Portionen

2 Fasankeulen

60 g Knollensellerie

2 Zehen Knoblauch

100 ml Milch

¼ l Obers

3 Wacholderbeeren

Salz, Pfeffer

30 g Bergkäse

Erdnussöl

scharfer Senf

⅛ l Crème fraîche

Trauben und Walnusskerne

Für den Mangold

ca. 250 g Mangold (am besten in verschiedenen Farben)

Salz

Erdnussöl

Tempuramehl

getrocknete Brennnesselsamen

Pflanzenöl für das Frittieren

wilder Kümmel

Für die Marinade

schwarzer Trüffel o. Steinpilze

Walnussöl

Sherryessig

Portwein

Salz

Fasankeulen auslösen. Sellerie putzen. Fleisch und Sellerie klein schneiden. Knoblauch schälen und blättrig schneiden. Milch, ⅛ l Obers, Wacholderbeeren, Fleisch, Sellerie und Knoblauch in einen Topf geben, salzen, pfeffern und alles ca. 30 Minuten köcheln.

Käse reiben. Käse, 1 Schuss Öl, 1 TL Senf und Crème fraîche zugeben und alles am besten in einem Standmixer pürieren. Restliches Obers steif schlagen und unter das abgekühlte Mus ziehen. Mit Salz und Pfeffer abschmecken.

Mangoldblätter von den Stielen lösen. Blätter in gesalzenem Wasser überkochen, eiskalt abschrecken und mit Erdnussöl marinieren. Mangoldstiele in 4 cm lange Stücke schneiden.

Einen Backteig aus Tempuramehl (oder Stärkemehl mit Backpulver), Salz, Brennnesselsamen und kaltem Wasser dick anrühren. Mangoldstiele durch den Teig ziehen und in Öl frittieren. Mit Küchenpapier trocken tupfen.

Creme auf Teller streichen, Mangoldblätter locker darauf verteilen und mit halbierten Trauben und Walnusskernen bestreuen.

Eine Marinade aus gehacktem Trüffel oder kleinwürfelig geschnittenen und kurz gebratenen Steinplizen, Öl, Essig, Portwein und Salz rühren. Mangoldblätter mit Marinade beträufeln. Frittierten Mangold dazulegen und mit Salz und wildem Kümmel bestreuen.

Fasan komplett

Hier die Zutaten, Zubereitung umseitig

Zutaten für 4 Portionen

2 Fasane

Für das Orangenöl

2 unbehandelte Orangen

100 ml Distelöl

Für die Suppe

1 Pastinake

Schalotten

Knoblauch

Schinken- o. Speckschwarte

Butterschmalz

Sherry

schwarze Pfefferkörner

1 Kardamomkapsel

Lorbeerblätter

Grünkohl (Wirsing) oder noch besser Schwarzkohl

Ingwer

Worchestershiresauce

Salz

Pfeilwurzelmehl (Tapiokamehl)

Für das Fasanhaxlragout

1 Gansleber
oder 2 Entenlebern

2 Zehen Knoblauch

Butter oder Ganslschmalz

Trüffel oder feste Steinpilze

Für die Fasanenbrüste

Butter

Schwarzbrotbrösel

Salz

Für das Maronipüree

10 Maroni

1 EL Haselnüsse

1/8 l Obers

Für die Sauce

Fasanensuppe wie links

getrocknete Steinpilze oder Herbsttrompeten

Madeira

Blutwurzschnaps

Butter

Salz

Pfeilwurzelmehl oder Tapiokamehl ist das richtige Mittel, um klaren Flüssigkeiten zur Sämigkeit zu verhelfen. Im Gegensatz zu anderen Bindemitteln wie Maisstärke- oder Kartoffelmehl wird die Flüssigkeit – in diesem Fall die Suppe – nicht trüb. Pfeilwurzelmehl mit kaltem Wasser verrühren und davon so viel in die köchelnde Suppe rühren, bis eine ganz leichte Bindung feststellbar ist.

Fasan komplett

Zubereitung

Für das Orangenöl Orangenschalen von den Früchten reiben und zwei Tage oder mehr in Öl ziehen lassen. Öl durch ein feines Sieb gießen.

Für die Suppe Fasane vorbereiten: Brustfleisch von den Karkassen schneiden, Haut abziehen. Keulen ablösen und in Unter- und Oberkeulen schneiden.

Pastinake putzen, in Stücke schneiden und gemeinsam mit ein paar Schalotten, einer halben Knolle Knoblauch (beides mit Schalen), einem Stück Schinken- oder Speckschwarte sowie Fasankarkassen und -unterkeulen in Butterschmalz anschwitzen. Mit Sherry ablöschen, ein paar Pfefferkörner, eine Kardamomkapsel und zwei, drei Lorbeerblätter zugeben, so viel Wasser zugießen, dass alles bedeckt ist. Suppe ca. eine Stunde köcheln (mindestens so lang, bis das Fleisch der Keulen butterweich ist).

Suppe durch ein Sieb oder noch besser ein Tuch gießen. Fleisch von den Knochen lösen.

Ein paar Blätter vom Kohl in feine Streifen schneiden. Ingwer schälen (ein Stück von ca. 1 cm Länge) und feinst schneiden. Kohl und Ingwer in der Suppe bissfest kochen. Suppe mit Worchestershiresauce und Salz abschmecken. Suppe mit in kaltem Wasser angerührtem Pfeilwurzelmehl leicht binden.

Für das Maronipüree Maroni braten, schälen und mit gerösteten Haselnüssen und Obers mixen (so viel Obers zugießen, dass eine cremige Konsistenz entsteht).

Für das Ragout die Gansleber(n) in Würfel schneiden. Knoblauch schälen und feinblättrig schneiden. In einer Pfanne 1 EL Butter oder Ganslschmalz erhitzen, Leber und Knoblauch darin schmurgeln, zum Schluss das Keulenfleisch von der Zubereitung der Suppe darin wärmen. Als Finish Trüffel oder feste, kleine Steinpilze darüber hobeln. Ragout mit Salz und Pfeffer abschmecken.

Fasanenbrüste in einer Mischung aus Butter und Fasanensuppe knapp unter dem Siedepunkt gar ziehen lassen (dauert nur wenige Minuten). 1 EL Schwarzbrotbrösel in Butter mit Salz leicht rösten.

Für die Sauce 250 ml Suppe mit Pilzen kochen, bis die Flüssigkeit auf die Hälfte der ursprünglichen Menge reduziert ist. Flüssigkeit durch ein Sieb gießen, Madeira und Schnaps zugießen, so viel Butter einrühren, dass sich eine leichte Bindung ergibt. Mit Salz abschmecken.

Fasanenbrüste auf der gewölbten Seite durch die Brösel ziehen, mit Sauce und Maronipüree anrichten. Einen Faden Orangenöl über alles ziehen.

Lorbeerblatt

Wie die Beeren des Wacholders ist das Laub des Küchenlorbeer eine fast unverzichtbare Zutat bei der Zubereitung von Wildragouts sowie für Saucen und Säfte zum Wildfleisch.

ZU FINDEN BEI DEN REZEPTEN

Fasan komplett, Seite 042
Bohnensuppe mit Rehzunge, Seite 063
Rehbeuschel, Seite 064
Maibockschlegel, Seite 077
Hirschkalbskutteln, Seite 085
Hirschsuppe, Seite 092
Wildsautascherln, Seite 128
Wildsaugulasch, Seite 131
Murmeltier, Seite 154

Der Hasenrücken – mitunter das Feinste, das man für die Küche aus der Jagd auf Haarwild erhalten kann.

FELDHASEN & KANINCHEN

Was an schnellen Läufern bei Treib- und Drückjagden erlegt werden kann, bereichert die Wildküche im Herbst und frühen Winter.

Klassiker wie Hasenpfeffer oder den berühmten „Königlichen Hasen“ aus der französischen Küche wollen wir bewahren. Mit dem Fleisch von Hase und Kaninchen lassen sich aber auch sehr moderne Gerichte zubereiten.

Zartes, weiches Fleisch und solches mit kraftvoller Struktur – beides bieten Hasen und Wildkaninchen.

DIE REZEPTE

Wildkaninchen

im Nussblatt frittiert

Zutaten für 4 Portionen

500 g Wildkaninchenfleisch

Walnussblätter

1 Stück Ingwer (1 cm lang)

Chiliöl

Sojasauce

Erdnussöl

Für die Dip-Sauce

5 EL Erdnussöl

2 EL Balsamicoessig

3 EL salzige Sojasauce oder Liebstöckelextrakt (siehe Seite 032)

1 TL Wasabi

1 unbehandelte Zitrone (geriebene Schale)

1 TL Waldhonig

Fleisch zuputzen (Sehnen und Häute entfernen) und in Streifen von ca. 2 cm Breite schneiden. Dabei darauf achten, dass die Stücke etwa gleichmäßig dick sind.

Ingwer schälen und so fein wie möglich hacken. Das Kaninchenfleisch mit Ingwer und je einem kräftigen Spritzer Chiliöl und ungesüßter Sojasauce ein wenig marinieren (ca. ½ Stunde; die Sojasauce ersetzt in diesem Fall das Salz).

Jedes Stück Fleisch in ein Walnussblatt wickeln (eventuell auch mehrere Blätter verwenden, wenn die Fleischstücke zu groß sind). Blätter mit kleinen Spießen oder Zahnstochern am Fleisch fixieren.

Die Päckchen in reichlich Pflanzenöl bei nicht allzu großer Hitze schwimmend frittieren. Sobald die Blätter Farbe genommen haben, ist genug frittiert. Päckchen aus dem Öl heben und auf Küchenkrepp abtropfen lassen.

Für die Dip-Sauce alle Zutaten verrühren. Dip zu den Nussblattkaninchen servieren.

Anmerkung zum Chiliöl: Dieses Würzmittel kann man in Asia-Shops und mittlerweile auch in manchen Supermärkten kaufen, aber auch ganz leicht selbst herstellen, indem man Chilischoten hackt und in Pflanzenöl (wie zum Beispiel Sonnenblumenöl) einlegt. Zur Entwicklung der Schärfe genügt es auch, die Kerne, die man bei anderen Gerichten vielleicht aus den Schoten kratzt, in Öl zu legen.

Blätter vom Walnussbaum haben das ideale Aroma im Mai und Juni. Will man diese Blätter später im Jahr verwenden, kann man sie zur Konservierung in Pflanzenöl einlegen.

Wildkaninchen

mit glasierten Nüssen

Zutaten für 4 Portionen

4 Kaninchenkeulen

edelsüßes Paprikapulver

Salz

Walnuss- oder Haselnussöl

Cayennepfeffer

Himbeer- oder Balsamicoessig

1 Handvoll Nüsse

(z. B. Haselnüsse, Pecannüsse, Walnüsse)

Kräutermischung (siehe Hinweis unten)

Honig

Fleisch der Kaninchenkeulen auslösen, in Stücke schneiden und mit einer Mischung aus ½ EL Paprikapulver, einer kräftigen Prise Salz, 5 EL Nussöl und einer kleinen Prise Cayennepfeffer vermischen.

Fleisch in einer Pfanne mit wenig Öl rundum bei mäßiger Hitze braten und zum Schluss mit ein paar Spritzern Himbeeressig oder gutem Balsamessig (zum Beispiel gereiftem Apfel-Balsamessig) pikant aromatisieren.

Nüsse in einer heißen Pfanne mit wenig Öl ein wenig rösten, salzen und mit Kräutermischung aromatisieren.

1 EL Honig in der Pfanne erhitzen, Nüsse zugeben und im Honig glasieren. Kaninchenstücke damit vermischen.

Fleisch und Nüsse auf ein wenig Grünzeug servieren, zum Beispiel auf Rucola oder in feine Streifen geschnittenem Spitzkraut oder Chinakohl. Die Unterlage für die gebratenen Kaninchenkeulen nur ganz leicht mit Salz und weißem Pfeffer würzen (die Süße und Säure kommt von Kaninchen und Nüssen).

Zur Variation: Für diese Zubereitungsart eignet sich auch helles Fleisch von kräftigerem Geflügel, wie zum Beispiel von Putenkeulen oder Kapaun, auch die Keulen von frei aufgewachsenen Hühnern machen auf diese Art mariniert und gebraten sehr viel Freude.

Für geröstete Nüsse oder Gemüse eignet sich ein Mix aus getrockneten Kräutern wie Oregano, Verbene, Minze, Melisse, Samen vom wilden Fenchel und Majoran sowie Sesamsamen und fein geriebene Kerbel- und/oder Liebstöckelwurzel.

Für den Wurzelfond Wurzeln und Knollen wie Pastinaken, Petersilwurzel, Karotten, Gelbe Rüben, Sellerie und Topinambur in kaltem Wasser zustellen und kochen, bis die Wurzeln butterweich sind. Ein paar Blätter Liebstöckel mitzukochen, ist kein Fehler. Der Fond fällt wegen seiner Zutaten ziemlich süß aus. Dem hält man im Sinne der Geschmacksharmonie (wie im Rezept rechts) mit Säure, Salz, Schärfe und ein wenig Bitterstoff entgegen.

DIE SCHARFE WURZEL

Kren macht munter in den Rezepten
Gefüllte Wildgans, Seite 036
Rehmousse mit Datteln, Seite 062
Hirschtatar, Seite 084
Hirschherz mit Roten Rüben, Seite 090
Gebeiztes Hirschfilet, Seite 094
Gamscarpaccio Seite 110
Gesurte Wildsauschnitzel, Seite 133

Wurzelfond

Wurzelfond ist der richtige Stoff für das Aufgießen, wenn kräftiger Geschmack und wenig Fett gefragt sind. In der Wildsaison sollte man ihn auf Vorrat haben.

Hasenrücken

mit Preiselbeer-Gerstl und Kaffee

Zutaten für 4 Portionen

Für den Hasen

800 g Hasenrückenfilets

5 Wacholderbeeren

schwarzer Pfeffer

1 unbehandelte Zitrone

Oregano

Walnussöl

Butterschmalz

1 kl. Mokka

Für das Gerstl

100 g Rollgerste

1 Zwiebel

Butter

2 Wacholderbeeren

1 Zehe Knoblauch

1 kleine Chilischote

Speckschwarte

Suppe oder Wurzelfond (siehe linke Seite)

Salz

Butterkäse

evtl. Brennnesselsamen

Für den Preiselbeersaft

150 g Rote Rüben

250 g Preiselbeeren

2 Äpfel

Selleriesalz

Grobes Steinsalz mit dünn geschnittenen Knollenselleriescheiben oder den Schalen von Knollensellerie auf einem Backblech vermischen und im Backofen bei ca. 100 °C trocknen (das kann einen Tag oder länger dauern). Sellerie oder Sellerieschalen entfernen.

Von den Hasenrückenfilets die Haut abziehen. Filets in 3 cm dicke Medaillons schneiden. Zerdrückte Wacholderbeeren, 1 TL gestoßenen schwarzen Pfeffer, die abgeriebene Schale der Zitrone und eine Prise getrockneten Oregano mit einem guten Schuss Walnussöl vermischen. Hasenrückenmedaillons darin wenden, in ein verschließbares Gefäß geben und 24 Stunden marinieren. Rollgerste über Nacht einweichen.

Für den Saft Rüben schälen und alle Zutaten entsaften.

Von der Gerste das Wasser abgießen. Zwiebel kleinwürfelig schneiden, in 1 EL Butter glasig anschwitzen, zerdrückte Wacholderbeeren, eine angedrückte Knoblauchzehe (in der Schale), Chilischote sowie ein Stück Speckschwarte zugeben. Gerste einrühren, mit dem zuvor zubereiteten Preiselbeersaft sowie Suppe oder Fond aufgießen, sodass die Gerste gut bedeckt ist. Mäßig salzen und unter wiederholtem Umrühren so lang kochen, bis die Gerste weich und die Flüssigkeit fast vollständig aufgesaugt ist. Mit geriebenem Käse auf cremige Konsistenz bringen.

In einer Pfanne 2 EL Butterschmalz erhitzen, Fleisch farbgebend anbraten, wenden, noch eine Minute braten, einen Deckel auf die Pfanne legen und die Pfanne von der Hitze nehmen. Medaillons noch ein paar Minuten ziehen lassen.

3 EL Butter bis zu leichter Braunfärbung erhitzen. Gerstl anrichten und mit brauner Butter überziehen. Mokka in die Pfanne mit dem Bratensaft der Medaillons gießen, kräftig einkochen und durch Einrühren von kalter Butter binden.

Hasenmedaillons mit Sauce überziehen (Sauce zuvor eventuell durch ein Sieb gießen) und mit Selleriessalz (siehe Seite links) würzen.

Hasenrücken

in Pfeffersauce mit Kohl

Zutaten für 4 Portionen

800 g Hasenrücken
schwarzer Pfeffer
Wacholderbeeren
Minze
Dost (Oregano)
Salz
Butterschmalz
Weinbrand, Cognac o. Armagnac
¼ l Obers
Tomatenmark
Butter

Für den Kohl

1 kleiner Kohlkopf
Salz
Butter
Haselnusskerne

Zum Kohl: Abgesehen vom klassischen Grünkohl, der als kompakte Kugel wächst, ist auch der blättrig gedeihende Schwarzkohl eine hervorragende Beilage zum Hasen.

Hasenrücken sauber zuputzen, das schmale Drittel wegschneiden. 1 TL Pfefferkörner, 3 Wacholderbeeren, Kräuter und Salz im Mörser zerreiben. Fleisch damit rundum bestreuen bzw. in dieser Mischung wenden.

Fleisch in einer Eisenpfanne mit 2 EL Butterschmalz rundum farbgebend anbraten. Fleisch aus der Pfanne heben, auf einen Teller legen, mit Papier abdecken und im Backofen bei 60 °C stiller Hitze gar ziehen lassen.

Für die Sauce 1 TL schwarzen Pfeffer grob reiben oder zerdrücken, in den Bratensatz geben, mit einem kräftigen Schuss Destillat ablöschen und mit Obers aufgießen. 1 TL Tomatenmark einrühren und die Sauce köcheln, bis sie sämig ist. 2 EL Butter mit dem Schneebesen einrühren. Sauce mit Salz abschmecken.

Vom Kohl die inneren, gelblichen Blätter in gesalzenem Wasser 3 bis 5 Minuten köcheln. Kohlblätter kalt abschrecken. Einen Schuss Kochwasser mit 2 EL Butter erhitzen. Kohlblätter darin schwenken.

Fleisch portionieren, in tiefe Teller legen und mit der Sauce überziehen. Kohl als Beilage geben und mit zerdrückten und gerösteten Haselnüssen bestreuen. Weiters passen dazu Vogelbeeren- (Seite 026), Hagebutten- (Seite 099) oder Mispelmarmelade (Seite 071).

Hasenrücken

und Hasenpfeffer in Gebirgswermut-Sauce

Zutaten für 6 Portionen

Filets von 2 Wildhasenrücken
2 Wildhasenkeulen mit Knochen
6 Knoblauchknollen
4 Karotten
1 Schalotte
3 EL Schwarzbeeren
3 EL Preiselbeeren
1 Schinkenschwarte
2 l Rotwein
5 g Ingwer
1 Gewürznelke
5 g getrocknete Steinpilze
1 Prise getrockneter Gebirgswermut
1 Zweig Majoran
1 Zweig Minze
1 Zweig Thymian
5 Wacholderbeeren
Kakaopulver
1⁄16 l Hasenblut
Butter zum Binden der Sauce
Butterschmalz
Salz
Pfeffer

Zum Wermut: Dieses mit spitzen, stark gefiederten Blättern ausgestattete Kraut findet man nicht nur im Gebirge, sondern auch im Flachland und vor allem in den Mittelmeerländern. Wie allerdings auch schon Kräuterexperten früherer Jahrhunderte wussten, sind Gebirgskräuter zumeist besonders aromatisch. In diesem Fall ist das Aroma ein recht bitteres, weshalb man Wermut mit äußerstem Feingefühl verwenden sollte.

Fleisch der Hasenkeulen in große Würfel schneiden. Knoblauchknollen halbieren. Karotten und Schalotte schälen bzw. putzen und klein schneiden.

Alle Zutaten (außer Filets, Kakao, Blut und Salz) in eine Schüssel geben und das Fleisch zwei Tage in dieser Marinade ziehen lassen (beizen).

Fleisch mit der Marinade und den Zutaten ca. 1 Stunde köcheln. Das Fleisch aus dem Fond heben. 1 EL Kakaopulver in den Fond geben und alles so lang kochen, bis der Fond auf die Hälfte der ursprünglichen Menge reduziert ist. Durch ein Sieb gießen und durch Einrühren von Blut binden.

So viel kalte Butter einmixen, dass sich eine leicht sämige Sauce ergibt. Mit Salz und Pfeffer abschmecken. Die Hasenkeulenstücke in die fertige Sauce geben.

Hasenrückenfilets mit Salz und Pfeffer würzen und in Butterschmalz braten (sie sollten innen rosa bleiben).

Hasenpfeffer und -filets anrichten. Als Beilage passen Knödel (wie z. B. auf Seite 097 beschrieben) oder breite Nudeln.

ZU FINDEN BEI DEN REZEPTEN

Wacholder

Die reifen Beeren dieses Strauchs sind in vielen Wildgerichten unentbehrlich. Aber auch die Nadeln geben ein sehr schönes Aroma, und ein paar Wacholderzweige beim Grillen in die Glut gelegt verbreiten einen wunderbaren Gebirgswald-Duft.

Walnuss

Die Nuss – und besonders die Walnuss – ist eine sehr typische Gabe der Natur im Herbst. Die Nussernte fällt damit zusammen mit der hohen Zeit der Jagd. In der Küche erweist sich schließlich – mag es die Gewohnheit des Geschmacks sein oder einem geheimnisvolleren Grund geschuldet –, dass Zutaten, die zusammen reifen oder geerntet werden, sehr häufig auch gut zusammen passen.

ZU FINDEN BEI DEN REZEPTEN

Kohlsuppe mit Wildganskeulen, Seite 034
Fasanenmus, Seite 041
Fasan komplett, Seite 042
Wildkaninchen mit Nüssen, Seite 051
Hasenrücken in Pfeffersauce, Seite 054
Rehtatar mit mariniertem Spargel, Seite 066
Rehschnitzel, Seite 067
Hirschtatar, Seite 084
Gamscarpaccio, Seite 110

Ein schönes Stück vom Rehschlegel – gerade richtig für das Schmoren in rotem Wein, wie auf Seite 070 beschrieben.

REH WILD

Das Reh ist von zurückhaltender Lebensart, und so sollte auch der Koch agieren, wenn er das zarte Fleisch artgerecht zubereiten will.

Reh scharf braten geht gar nicht. Lieber langsam schmoren oder in Butter gar ziehen lassen. Und manche Gerichte mit Rehfleisch brauchen gar keine andere als Zimmertemperatur, wie man im Fall des Rehtatars sehen kann.

Vom ersten Bock im Mai bis in die ersten Wochen des Winters bieten sich viele Gelegenheiten zur Zubereitung von Gerichten mit Rehfleisch, und wie es zu den Jahreszeiten passt, können diese zart und duftig bis herzhaft und kräftig ausfallen.

DIE REZEPTE

Rehmousse

mit Datteln und Granatapfel-Endiviensalat

Zutaten für 4 Portionen

200 g Rehschlegel
50 g Preiselbeeren
¼ l Obers
Wacholderbeeren
Salz
2 Blätter Gelatine
Rindsuppe
Krenpaste

Für die Datteln

10 Datteln
Butterschmalz
Salz

Für den Salat

1 Granatapfel
1 kleiner Endiviensalat
Salz
Apfelessig
Erdnussöl

Fleisch möglichst kleinwürfelig schneiden (wie für Tatar), mit Preiselbeeren, 100 ml Obers, 2 zerdrückten Wacholderbeeren und einer kräftigen Prise Salz ca. 3 Minuten köcheln. Im Mixer zu einem Püree verarbeiten und auskühlen lassen.

Gelatine in Wasser einweichen. Das restliche Obers schön steif schlagen.

Gelatine ausdrücken und in Suppe wärmen, bis sie aufgelöst ist. 1 EL Krenpaste einrühren. Mit dem Püree vom Rehfilet verrühren. Masse in eine Terrinenform oder in Tassen füllen und kühlen.

Datteln entkernen, häuten, halbieren und in einer Pfanne mit 1 EL Butterschmalz und einer Prise Salz wärmen. Datteln zugedeckt ziehen lassen.

Granatapfel halbieren, mit der Schnittfläche über eine Schüssel halten, mit einem Kochlöffel kräftig auf den Granatapfel schlagen, sodass sich die Kerne aus dem Gehäuse lösen.

Endiviensalat fein schneiden, mit Salz, Apfelessig und Erdnussöl marinieren.

Salat, Datteln, Granatapfelkerne und Rehmousse anrichten. Dazu getoastetes Kletzen- oder Bauernbrot geben. Ein paar Scheiben vom schwarzen Trüffel würden ganz gewiss auch nicht stören.

Das ist eine ideale Vorspeise, wenn Gäste kommen: Alles kann vorbereitet sein, nach nur wenigen Handgriffen wird auch schon serviert.

Rehzunge

in Bohnensuppe

Zutaten für 8 Portionen

¼ l weiße getrocknete Bohnen

2 Zwiebeln

1 Karotte

1 kleine Knolle Knoblauch

Olivenöl

Salz, Pfeffer

Safran

Cayennepfeffer

Für die Zungen

8 Rehzungen*

Wacholderbeeren

Salz

2 Lorbeerblätter

1 Zweig Liebstöckel

10 schwarze Pfefferkörner

2 Gewürznelken

1 kleine Zimtstange

Bohnen am Tag vor der Zubereitung der Suppe in kaltem Wasser einweichen. Zungen ebenso wässern.

Zwiebeln schälen und quer durchschneiden. Karotte schälen. Knoblauch quer durchschneiden (bleibt ungeschält). Gemüse, Bohnen und Gewürze in einen Topf geben, so viel Wasser zugießen, dass alles reichlich mit Wasser bedeckt ist, ein wenig Salz zugeben und Gemüse und Bohnen kochen, bis alles weich ist.

Zungen in Wasser mit den genannten Zutaten köcheln, bis sie sich an den Spitzen leicht anstechen lassen. Zungen in kaltem Wasser auskühlen lassen. Zungen am Grund zuputzen (fasrige Teile wegschneiden), Haut so gut wie möglich abziehen.

Die Hälfte der Suppe abgießen und auffangen. Restliche Suppe mit Gemüse pürieren und wieder so viel von der aufgefangenen Suppe zugießen, dass sich eine leicht gebundene, keinesfalls dicke Suppe ergibt. Suppe eventuell noch durch ein Sieb streichen.

Ca. ⅛ l Olivenöl zur Bindung und Erhöhung der Sämigkeit der Suppe einmixen. Mit Salz, Pfeffer, eingeweichtem Safran und Cayennepfeffer abschmecken.

Zunge in Teller geben. Suppe nochmals aufkochen und auf die Zungenscheiben schöpfen.

*Was man noch mit Reh- oder Hirschzungen tun kann? Zum Beispiel mit diesem Salat servieren: Ein Stück Porree (ca. 15 cm) putzen und feinblättrig schneiden. Einen halben Bierrettich schälen und grob reiben. Eine Zehe Knoblauch und einen halben Apfel in Stifte oder würfelig schneiden. Alles mit 2 EL Sauerrahm, ein wenig Steinpilzmehl, einem Schuss weißen Balsamessig und ein wenig Cayennepfeffer vermischen. Dazu in Scheiben geschnittene Reh- oder Hirschzungen legen. Dazu passen noch gebratene Eierschwammerl oder gehobelte rohe Steinpilze.

Rehbeuschel

mit Schwammerln

Zutaten für 6 Portionen

1 Rehlunge
1 Rehherz
1 Lorbeerblatt
schwarzer Pfeffer
Korianderkörner
Wacholderbeeren
1 Gewürznelke
2 Zwiebeln
1 EL Schmalz
2 Essiggurken
Mehl
Himbeeressig
¼ l Riesling
30 ml Essiggurken-Marinade
scharfer Senf
getrockneter Majoran
gemahlener Kümmel
geriebene Muskatnuss
1 TL Essigkapern
50 g würziger Blauschimmelkäse
frische Kräuter wie Estragon, Petersilie, Ysop, Schnittlauch
¼ l Obers

Für die Schwammerln

500 g Eierschwammerl
1 Zehe Knoblauch
Butter oder Butterschmalz
Salz, Pfeffer

Ein ideales Zwischengericht für Innereien-freunde. Beuschel ist aufgewärmt genau so gut — von den gebratenen Schwammerln erhält es einen Frische-Kick.

Vom Beuschel den Schlund wegschneiden. Herz halbieren. Beuschel und Herz in kaltem Wasser gründlich wässern.

Beuschel und Herz mit kaltem Wasser zum Kochen bringen. Lorbeerblatt, ein paar Pfeffer- und Korianderkörner sowie Wacholderbeeren, Gewürznelke und Salz zugeben und etwa 1 Stunde zugedeckt köcheln lassen.

Beuschel und Herz aus dem Fond heben, kalt abschrecken und gut auskühlen lassen. ½ l Fond abmessen und beiseitestellen.

Beuschel und Herz in feine Streifen schneiden. Zwiebeln fein schneiden, in Schmalz goldbraun anschwitzen. Essiggurken blättrig schneiden und zu den Zwiebeln geben.

Ein wenig Mehl einrühren, mit Essig, Wein, Essiggurkenmarinade und Beuschelfond aufgießen. Senf, Majoran, Kümmel, Muskatnuss, Ysop, Kapern und Obers beigeben. Etwa 10 Minuten köcheln lassen. Käse einmixen, Beuschel und Kräuter zugeben und aufköcheln lassen. Mit Salz, Pfeffer und eventuell Apfelmus abschmecken.

Schwammerln putzen, große Exemplare klein schneiden. Eierschwammerl mit gepresstem Knoblauch in Butter braten, salzen, pfeffern. In tiefen Tellern halb Beuschel, halb Schwammerln anrichten.

Als weitere Beilage passt Lauch, den man in fingerdicke Scheiben schneidet und in einer Mischung aus Wasser mit Butter weich dünstet.

Rehtatar

mit mariniertem Spargel und Bärlauchmayonnaise

Zutaten für 4 Portionen

400 g Rehrücken
1 unbehandelte Orange
Salz
schwarzer Pfeffer
Tabasco
Vogelbeerschnaps
Oliven- oder Walnussöl

Für den Spargel

12 Stangen weißer Spargel
Salz
Zucker
Erdnussöl

Für die Mayonnaise

1 Handvoll Bärlauch
1 Ei
1 TL Dijon-Senf
Tabasco
Salz
Spargel- oder Tomatenessig
Maiskeimöl

Für die Dekoration

Löwenzahnblütenblätter
Kerbel oder Mohn

Fleisch zuputzen, fein hacken oder fein faschieren. Geriebene Orangenschale, Salz, Pfeffer, Tabasco, einen kleinen Schuss Schnaps und einen guten Schuss Öl mit einem Löffel gut in das Fleisch einarbeiten. Das Fleisch sollte dabei sehr kalt sein.

Spargel schälen, trockene Enden wegschneiden. Spargel in leicht gesalzenem und gezuckertem Wasser bissfest kochen, in eiskaltem Wasser abschrecken und auskühlen lassen.

Einen guten Schuss vom Spargelfond mit einer Prise Zucker und einem Schuss Erdnussöl verrühren. Spargel in Stücke schneiden und in die Marinade legen.

Für die Mayonnaise Bärlauch überkochen, eiskalt abschrecken und ausdrücken. Bärlauch klein schneiden.

Ei, Senf, ein, zwei Spritzer Tabasco, Salz, Spargel- oder Tomatenessig und 1 EL vom gehackten Bärlauch in einen Mixbecher geben. Unter Zugießen von Öl mit dem Pürierstab zur Mayonnaise mixen.

Tatar gefällig anrichten (z. B. auf einem Bärlauchblatt), dazu den marinierten Spargel und die Mayonnaise geben. Spargel mit Löwenzahnblütenblättern, Kerbel oder geröstetem Mohn bestreuen.

Zum Bärlauch und seiner Mayonnaise: Bärlauchmayonnaise ergänzt auch andere Gemüsesorten hocharomatisch, zum Beispiel gekochte oder gebratene Artischocken und die ersten Erdäpfel das Jahres. Wenn man Bärlauch konservieren will, am besten Bärlauchpesto zubereiten und einfrieren oder Bärlauch-Öl ansetzen.

Die hier beschriebene Marinade für den Spargel kann man auch für die Aromatisierung von Hopfensprossen, wildem Spargel oder Saubohnen anwenden.

Rehschnitzel

mit Erdäpfelnidei und schwarzen Nüssen

Zutaten für 4 Portionen

4 Schnitzel vom Rehschlegel à 150 g

Salz, Pfeffer

Butterschmalz

Wacholderbeeren

Weinbrand oder Armagnac

1 EL Hagebuttenmarmelade (Seite 099) oder Apfelmus

125 g Sahne

Mehl, Butter

Für die Nüsse

500 g grüne Nüsse (siehe Anmerkung unten)

3 Gewürznelken

½ Zimtschote

1 Sternanis

600 g Zucker

60 g Glukosesirup

Für die Nidei

400 g mehlige Erdäpfel

100 g griffiges Mehl

1 Ei

Muskatnuss

Butterschmalz

Salz

Anmerkung zu den grünen Nüssen: Damit man diese gut in schwarze Nüsse verwandeln kann, müssen die Kerne noch weich sein und sich mit einer Nadel einstechen lassen. Üblicherweise ist Anfang Mai die richtige Zeit für die Ernte dieser Nüsse. Dabei zahlt sich vorausschauende Vorratshaltung aus. Nüsse im Frühling reichlich einkochen, im Herbst und Winter zu Wildgerichten oder zu Käse genießen.

Nüsse waschen, mit einer Nadel mehrfach einstechen und vier Tage in kaltes Wasser geben, Wasser zweimal täglich wechseln. Nüsse weich kochen, abseihen und abtropfen lassen. ½ l Wasser mit 500 g Zucker, Nüssen und Gewürzen aufkochen. Nüsse im Sirup einen Tag stehen lassen. Nüsse aus dem Sirup heben (der Sirup sollte nach Baumé 45 Zuckergrade haben, also am Löffel einen Faden ziehen). Sirup mit dem restlichen Zucker aufkochen, von der Hitze nehmen, Glukose einrühren. Nüsse in Gläser füllen und mit Sirup aufgießen. Gläser verschließen. Nach ein paar Tagen kontrollieren, ob der Sirup eine Konsistenz zwischen der Viskosität von Zuckerwasser und Honig hat. Wenn der Sirup zu dünn ist, auf die richtige Konsistenz einkochen.

Für die Nidei Erdäpfel kochen, schälen und pressen. Mehl, Ei, je eine gute Prise geriebene Muskatnuss und Salz dazugeben und alles zu einem flaumigen Teig kneten. Eine Arbeitsfläche mit griffigem Mehl reichlich bestreuen. Teig in Teile schneiden und zu daumendicken Rollen formen.

In einer beschichteten Pfanne mit 2 bis 3 EL Butterschmalz erhitzen. Von den Teigrollen 1 bis 2 cm dicke Stücke abtrennen und sofort in die Pfanne geben. Bei bedeckter Pfanne und mittlerer Hitze ein paar Minuten braten. Nidei wenden und auch auf der zweiten Seite ein paar Minuten farbgebend braten.

Schnitzel leicht klopfen, salzen, pfeffern, auf einer Seite in Mehl drücken und mit dieser Seite nach unten in eine Pfanne mit heißem Butterschmalz legen. Ein paar Minuten bei mäßiger Hitze braten, wenden und noch 2 bis 3 Minuten braten (das Fleisch sollte im Kern rosa bleiben). Schnitzel aus der Pfanne heben. 1 EL Butter und ein paar zerdrückte Wacholderbeeren in die Pfanne geben, ca. 1 TL Mehl einrühren und leicht anschwitzen. Mit Destillat ablöschen, Hagebuttenmarmelade oder Apfelmus sowie Obers einrühren und ein paar Minuten köcheln. Sauce mit Salz und Pfeffer abschmecken. Schnitzel in die Sauce legen. Schnitzel mit Nidei, Scheiben der schwarzen Nüsse und Sauce anrichten.

Parasol

ZU FINDEN BEI DEN REZEPTEN

Rehleberterrine, Seite 073
Gegrillte Hirschkoteletts, Seite 100

Dieser Pilz, der im Herbst in manchen Regionen sehr reichlich zu finden ist, gehört zu den unterschätzten Gaben der Natur. Parasol ist nicht nur zum Backen da, er macht auch gebraten und getrocknet Sinn und Freude.

Schmoren

Was lange währt, wird endlich gut – das gilt vor allem für die robusteren Arten von Wildfleisch, denn beim Schmoren wird auch Fleisch, das wenig Fettgehalt hat mürb und saftig. Dazu eignet sich diese Garmethode auch, um das volle Aroma aus Früchten und Gemüse zu holen.

ZU FINDEN BEI DEN REZEPTEN

Luftgetrockneter Auerhahn mit geschmorten Wiesenchampignons, Seite 038
Rehschlegel mit Mispeln, Seite 070
Gebeiztes Hirschfilet mit geschmortem Trevisano, Seite 094
Geschmorte Hirschstelze, Seite 097
Hirschrücken mit Kürbis, Seite 099
Gamscarpaccio mit geschmorten Quitten, Seite 110

Rehschlegel

mit Mispeln, Kürbis und Grießknödel

Zutaten für 4 Portionen

1 kg ausgelöster Rehschlegel

1 Zehe Knoblauch

Ingwer

Ysop

Salz, Pfeffer

Schweineschmalz

½ l kräftigen Rotwein

Kräuterlikör (zum Beispiel Averner oder Chartreuse)

Wacholderbeeren

Butter oder Maisstärke

Für die Mispeln

250 g Mispeln

Zucker

Für den Kürbis

300 g Kürbis

Honig

Nussöl

Minze

1 unbehandelte Orange

Für die Knödel

¼ l Milch

Salz

100 g Weizengrieß

1 Ei

1 Speck- oder Schinkenschwarte

Zu den Mispeln: Diese werden in Österreich auch Asperl genannt und werden am besten nach dem ersten Frost geerntet. Durch Lagerung verlieren sie von dem reichlich in dieser Frucht vorhandenen Gerbstoff.

Mispeln halbieren, entkernen und in ¼ l Wasser mit 350 g Zucker ca. 15 Minuten köcheln. Mispeln mit Sirup in sterile Gläser füllen (die Mispeln passen zu allem, wozu auch Preiselbeeren gut schmecken).

Fleisch mit gepresstem Knoblauch, fein gehacktem Ingwer (ca. ½ TL voll), ein wenig Ysop, Salz und Pfeffer rundum einreiben und in Form binden. In Schmalz rundum anbraten, mit Wein und Likör ablöschen, zerdrückte Wacholderbeeren dazugeben und das Fleisch im Ofen bei anfangs 180 °C ca. eineinhalb Stunden schmoren. Dabei die Hitze nach und nach zurücknehmen und das Fleisch immer wieder mit dem Bratensatz begießen. Die ideale Kerntemperatur ist 60 °C. Ofen auf 60 °C stellen und das Fleisch noch mindestens eine Viertelstunde temperiert halten.

Für die Sauce den Bratensatz einkochen und durch Einrühren von kalter Butter oder in Wasser aufgelöster Maisstärke ein wenig binden.

Kürbis in fingerdicke Scheiben schneiden, mit 1 TL Honig und einem guten Schuss Nussöl in eine ofenfeste Pfanne geben, Kürbis in Öl und Honig wenden, ein paar Stängel Minze dazugeben, die Schale der Orange darüberreiben und den Kürbis im Ofen braten, bis er mürb ist (das kann gemeinsam mit dem Braten des Rehschlegels geschehen).

Für die Knödel Milch mit einer Prise Salz aufkochen. Grieß zugeben und unter ständigem Rühren etwa 15 Minuten kochen. Masse abkühlen lassen. Ei einrühren. 12 kleine Knödel formen. Leicht gesalzenes Wasser unter Zugabe von einem Stück Schinken- oder Speckschwarte aufkochen. Knödel einlegen und knapp unter dem Siedepunkt ca. 5 Minuten ziehen lassen.

Fleisch in Scheiben schneiden und auf Teller geben. Kürbis löffelweise von der Schale stechen und zum Fleisch geben. Mispeln und Knödel als weitere Beilagen geben und das Fleisch mit Sauce überziehen.

Oregano

Aus der mediterranen Küche ist dieses mit dem Majoran eng verwandte Kraut sehr gut bekannt. Majoran kommt in der altösterreichischen Küche fast ausschließlich getrocknet vor, und damit wurde er wirklich nicht optimal genutzt, denn das Aroma von frischem Majoran oder Oregano bringt südliches Flair in die Gerichte.

ZU FINDEN BEI DEN REZEPTEN

Wildgansbrust, Seite 035
Auerhahn, Seite 038
Wildkaninchen, Seite 051
Hasenrücken mit Preiselbeer-Gerstl, Seite 053
Hasenrücken in Pfeffersauce, Seite 054
Rehfilet, Seite 074
Wildsaugulasch, Seite 131

Rehleberterrine

mit Majoran

Für eine Terrine von 26 cm Länge und 8 cm Höhe (ca. 12 Portionen)

400 g geputzte Rehleber

1 Zwiebel

2 Zehen Knoblauch

1 kleine Stange Staudensellerie

Butter

große Champignons oder Parasole

2 cl Cognac

1 EL Rosinen

1 Spritzer Tabasco

375 g QimiQ
(siehe Anmerkung unten)

½ TL Salz

1 Prise Pfeffer

Butter

1 Prise getrockneter Majoran

½ TL Weizengrieß

Leber putzen und dünnblättrig schneiden. Zwiebel, Knoblauch und Staudensellerie schälen, bzw. putzen und klein schneiden. 100 g der Pilze ebenfalls putzen. 2 EL Butter in einem Topf erwärmen. Alle Zutaten in den Topf geben. Ca. 10 Minuten bei bedecktem Topf köcheln. In einer Küchenmaschine zu einer glatten Masse mixen (noch besser geht das mit einem Thermomixer).

Terrinenform mit Frischhaltefolie auslegen. Masse in die Form füllen. Mindestens einen halben Tag kühlen.

Terrine in Scheiben scheiden und mit Preiselbeerkonfitüre (siehe Seite 026) und Sauerteigbrot oder Milchbrot als Beilage servieren.

Alternativ kann man die Terrine auch portionsweise zubereiten. Dafür vor der Zubereitung der Terrinenmasse Champignons, Parasolpilze oder Steinpilzen in 3 mm dicke Scheiben schneiden, auf ein mit Olivenöl beträufeltes Backblech legen, salzen, pfeffern und bei 200 °C in im Backrohr ca. 10 Minuten garen. Pilze abkühlen lassen und kleinwürfelig schneiden. Pilze in Teetassen oder Mokkatassen streuen, Terrinenmasse darauf verteilen und einen Tag oder länger kühlen. Terrine in den Tassen servieren, zuvor jeweils mit einem Löffel Preiselbeerkonfitüre und ein paar Blättchen vom frischen Majoran garnieren.

Zu QimiQ und zur Bindung: QimiQ ist eine praktische Zutat, wenn in einem Gericht Obers und Bindekraft benötigt werden. Selbstverständlich kann man die Bindung für diese Terrine und vergleichbare Gerichte auch durch die Zugabe von Gelatine bewirken.

Rehfilet

mit Reizker, Erdäpfeln, Safranäpfeln und „Forcherspeck"

Zutaten für 4 Portionen

8 Rehfilets

Butter

Salz

Wacholderbeeren

Oregano

Für den Speck

reinweißer Rückenspeck (wie Lardo)

Salz

getrocknete Kräuter wie Salbei, Rosmarin und Bohnenkraut

edelsüßes Paprikapulver

Für die Pilze

½ kg Reizker

Salz

1 Zehe Knoblauch

50 g Waldhonig

30 cl weißer Balsamicoessig

Tabasco

Kräuter wie Estragon, Kerbel oder Kresse

Für die Äpfel

Safranfäden

1 großer oder 2 kleine Äpfel

Zucker

Apfelsaft

Pfeilwurzelmehl

Für die Erdäpfel

8 violette Lungauer Erdäpfel

Butter

Salz

Den Speck auf Vorrat produzieren: Speck rundum in reichlich Salz mit Kräutern wälzen und im Salz mindestens einen Monat liegen lassen. Salz vom Speck schaben und den Speck in Paprikapulver wälzen. Vor der Verwendung in den Tiefkühler geben und in hauchdünne Scheiben schneiden.

Pilze putzen: Stiele wegschneiden, Kappen von Nadeln und anderen Waldrückständen säubern. Große Pilze halbieren oder vierteln. 3 l Wasser mit 60 g Salz aufkochen, Pilze darin ca. 3 Minuten kochen. Pilze aus dem Fond heben.

60 ml Kochwasser, 1 gepresste Knoblauchzehe, Honig, Essig, 20 g Salz, ca. 10 Spritzer Tabasco und Kräuter mit den Pilzen vermischen. Pilze und Fond in Gläser geben und bei 90 °C ca. 15 Minuten sterilisieren. Wenn sauber gearbeitet wurde, halten diese Pilze ein Jahr. Diese Einkochmethode eignet sich für alle festfleischigen Pilze.

Für die Safranäpfel eine Prise Safranfäden in wenig Wasser einweichen. Äpfel schälen, Kerngehäuse ausstechen und die Äpfel würfelig schneiden. 2 EL Zucker mit ein wenig Wasser vermischen und köcheln, bis der Zucker karamellisiert. Mit einem guten Schuss Apfelsaft ablöschen, Safran samt Wasser einrühren, Äpfel in diesem Fond gar ziehen lassen (die Flüssigkeit soll die Apfelspalten bedecken). Saft mit Pfeilwurzelmehl (siehe Anmerkung Seite 043) leicht binden. Diese Äpfel passen auch zu Joghurt, Hollerkoch, Preiselbeer- oder Vogelbeerkompott und Eis.

Erdäpfel waschen, dämpfen, halbieren, mit nussbrauner Butter übergießen (siehe Seite 098) und mit Salz bestreuen.

Fleisch zuputzen, in Butter mit ein paar zerdrückten Wacholderbeeren auf allen Seiten kurz anbraten, Deckel auf die Pfanne geben und die Filets ziehen lassen.

Fleisch in Stücke schneiden und gemeinsam mit Pilzen, Äpfeln, Erdäpfeln und Speck auf Teller geben. Fleisch mit Salz und Oregano bestreuen.

KRÄUTERSALZ

Getrocknete Kräuter rebeln, zerkleinern und durch ein grobes Sieb schütteln. Kräuter mit feinem Steinsalz vermischen. Eine gute Kombination ist Estragon, Minze, Liebstöckel, Beifuß und Wacholder-nadeln. Wieviel und welche Kräuter zum Salz gemischt werden, ist eine Frage des Geschmacks und der Verfügbarkeit.

Wildkräuter

Viele Kräuter, die man im Garten züchten kann, sind auch in der freien Wildbahn zu finden und meist mit deutlich anderem und mehr Aroma ausgestattet. Zudem: Gesammelte Kräuter verschaffen naturliebenden Menschen einfach mehr Befriedigung als gekaufte oder einfach abgeschnittene.

ZU FINDEN

In fast allen Jagdrevieren und vielen Rezepten dieses Buches.

Maibockschlegel

mit Frühlingskräutercreme

Zutaten für 4 Portionen

1,2 kg ausgelöster Rehschlegel (oder Rehrücken)

Schnittlauch

Für die Sur

4 EL Honig

1 Lorbeerblatt

45 g Salz

6 Pfefferkörner

Für die Creme

4 Schalotten

⅛ l Weißwein

4 cl Verjus (ersatzweise Zitronensaft)

⅛ l Crème fraîche

⅛ l cremiges Joghurt

Distelöl

Steinkleepulver (Schabziger)

Kräuter wie Sauerampfer, Löwenzahn, Bärlauch und Bachkresse

Salz

Pfeffer

Diese Mayonnaise ist eine hervorragende Ergänzung zu allerlei leichten, frühlingshaften Fleisch- und Gemüsegerichten. Und so wird's gemacht: Eine Handvoll Brennnesselspitzen überkochen, eiskalt abschrecken, ausdrücken und klein schneiden. In einen Mixbecher 1 Ei, einen Spritzer Senf, einen Spritzer Essig, Salz und Pfeffer sowie die Brennnesseln geben. Mit dem Stabmixer unter Zugießen von Öl eine Mayonnaise mixen (falls vorhanden, mit dem Thermomixer aufschlagen). Zum Schluss einen Schuss heißes Wasser einmixen (das macht die Mayonnaise cremiger).

Für die Sur alle Zutaten mit 2 l Wasser verrühren. Fleisch einlegen und bei gut verschlossenem Geschirr gekühlt zwei Tage ziehen lassen.

Fleisch in der Sur aufkochen und sofort vom Herd nehmen. Fleisch im Sud ca. ½ Stunde ziehen lassen.

Für die Creme Schalotten schälen, fein hacken und im Wein kochen, bis die Flüssigkeit fast völlig verdampft ist. Verjus, Crème fraîche, Joghurt, einen Schuss Öl und eine gute Prise Steinklee einrühren. Kräuter fein hacken und einrühren (ca. 3 EL voll). Creme mit Salz und Pfeffer abschmecken.

Fleisch in dünne Scheiben schneiden, auf Kräutercreme und frischen Kräutern anrichten. Dazu passt Erdäpfel-Löwenzahnsalat und – wenn es noch „cremiger" werden soll – eine Brennnesselmayonnaise, wie in der Anmerkung beschrieben.

Maibockrücken

mit 6-Minuten-Ei

Zutaten für 4 Portionen

4 oder 8 Eier

1 Becher Cremejoghurt

Löwenzahnblätter

Sauerampferblätter

grüner Tabasco

Salz

600 g Rehrücken

Butterschmalz oder Butter und Pflanzenöl (siehe Anmerkung unten)

Wacholderbeeren

schwarzer Pfeffer

Waldhonig

Balsamicoessig

Johannisbeerlikör

Kräuter der Saison wie Bachkresse, Portulak, Kerbel etc.

Zum Butterschmalz: Das ist dehydrierte Butter, die sich relativ stark erhitzen lässt, also das ideale Fett, wenn farbgebend gebraten werden soll und voller Buttergeschmack erwünscht ist.

Eier 6 Minuten kochen, eiskalt abschrecken, schälen und bei 60 bis 70 °C warm halten.

Joghurt mit Löwenzahn- und Sauerampferblättern, eventuell auch mit ein paar Blättern von Portulak und/oder Vogerlsalat sowie ein, zwei Spritzern Tabasco hochtourig mixen. Mit Salz abschmecken.

Rehrücken zuputzen (das heißt: die Silberhaut wegschneiden) und das Fleisch in zwei Finger breite Stücke schneiden.

Fleisch in Butterschmalz oder einer Mischung aus Butter und Pflanzenöl mit ein paar zerdrückten Wacholderbeeren und schwarzen Pfefferkörnern rundum anbraten und in der bedeckten Pfanne ziehen lassen (das Fleisch soll im Kern jedenfalls rosa bleiben).

Fleisch aus der Pfanne heben und warm halten. 1 TL Honig und je einen Schuss Balsamicoessig und Likör in der Pfanne verrühren und mit dem Bratfett erhitzen. Fleisch in dieser Mischung schwenken (glasieren).

Joghurt in tiefe Teller oder flache Schüsseln verteilen. Eier auf das Joghurt setzen, Fleisch dazugeben und mit dem Saft überziehen. Alles mit Kräutern bestreuen, wobei Bachkresse die kräftige und doch frühlingshafte Würze bringt.

Ein Hirschrücken – gerade richtig für die Zubereitung mit Kürbis oder Pilzen, wie auf den Seiten 099 und 100 beschrieben.

ROT WILD

Hirsche, Tiere, Kälber – so vielfältig wie das Angebot an Fleisch vom Rotwild sind auch die Zubereitungsmöglichkeiten. Und: Man verachte die Innereien nicht!

Von zart bis hart: Hirschschlegel kann man auch pökeln und trocknen, das Fleisch vom Hirschkalb sollte man als Koch oder Köchin viel zurückhaltender behandeln.

Von der eleganten Vorspeise über die Suppe bis zum deftigen Hauptgericht kann Fleisch vom Rotwild der kulinarische Hauptdarsteller sein.

DIE REZEPTE

Hirschtatar

ganz einfach oder gesulzt

Zutaten für 4 Portionen

250 g Fleisch vom Hirschrücken
oder vom Hirschfilet

Salz

Pfeffer

Tabasco

ein passendes Destillat
wie Vogelbeerschnaps oder Gin

Oliven- oder Walnussöl

Kren

Für das gesulzte Tatar

zusätzlich Gelatine und Rindsuppe

Fleisch sauber zuputzen, fein hacken oder faschieren, mit Salz, Pfeffer, Tabasco, etwas Vogelbeerschnaps oder Gin und etwa 6 cl Öl vermengen und die Zutaten mit einer Gabel gut in das Fleisch einarbeiten.

Auf getoastetes Kletzenbrot streichen, in Schnitten schneiden, eventuell mit geriebenem Kren oder schwarzem Trüffel bestreuen.

Zur Variation: Alternativ kann man das „ganz einfache" Tatar auch aufwendiger gestalten, indem man „gesulztes" Tatar zubereitet. Dafür das wie oben beschriebene Fleisch mit in Rindsuppe aufgelöster Gelatine versetzen (Mengenangabe wie auf der Gelatinepackung ersichtlich) und in Mokkatassen füllen. Nach dem Kühlen und Stocken des Tatars Fleisch aus den Formen lösen und zum Beispiel auf knackigem Blattsalat wie Frisée, Radicchio oder fein geschnittenem Eisbergsalat anrichten. Dazu passen Balsamico-Wachteleier. Für diesen Zweck Wachteleier 6 Minuten kochen, die Schale rundum andrücken und die Eier ein paar Tage in Balsamicoessig einlegen, wodurch sie eine schöne Musterung und ein wenig Würze erhalten.

Nach denselben Rezepten kann man auch Gams- oder Rehtatars zubereiten. Da das Fleisch vom Reh deutlich zarter ist, sollte man dabei die Würzung dezenter ausfallen lassen.

Hirschkalbskutteln

mit Steinpilzen und Mais

Zutaten für 8 Portionen

2,5 kg Hirschkalbskutteln

1 Lorbeerblatt

6 Zwiebeln

6 Zehen Knoblauch

5 Pfefferkörner

2 EL Butter

2 EL Schweineschmalz

1 EL Zucker

1 Schuss Essig

⅛ l Schlagobers

½ l Weißwein

1 Prise gemahlener Koriander

1 bis 2 EL frische gehackte Kräuter (Estragon, Liebstöckel, Thymian)

1 Prise gemahlener Kümmel

1 Prise Cayennepfeffer

150 g Maiskörner

250 g Steinpilze

Butterschmalz

Bergkäse

Salz

Pansen des Hirschkalbs putzen, in Stücke (Kuttelfleck) schneiden und mehrere Tage wässern. Wasser immer wieder wechseln (siehe Anmerkung ganz unten).

Kutteln in frischem kalten Wasser zustellen und eine Stunde köcheln. Wasser abgießen. Kutteln in frischem Wasser zustellen und nochmals eine halbe Stunde kochen, Wasser abgießen. Kutteln mit Lorbeerblatt, einer geschälten Zwiebel, einer geschälten Knoblauchzehe, Pfefferkörnern und Salz zugedeckt kochen bis sie weich sind. Die Kutteln zum Auskühlen in kaltes Wasser legen. ¾ Liter vom Kochwasser abmessen und beiseitestellen.

Die restlichen Zwiebeln schälen und blättrig schneiden. In einer Mischung aus Butter und Schmalz mit 5 geschälten und zerdrückten Zehen Knoblauch goldgelb anschwitzen. Zucker, Essig, das Kochwasser von den Kutteln, Schlagobers und Weißwein zugießen. Alles ½ Stunde köcheln. Koriander, Liebstöckel, Estragon, Thymian, Kümmel und Cayennepfeffer einrühren.

Kutteln entlang der Faser in feine Streifen schneiden, in die Sauce rühren und ¼ Stunde köcheln.

Mais kurz in Salzwasser kochen. Steinpilze dünnblättrig schneiden, in Butterschmalz braten und salzen.

Kutteln mit Mais und Pilzen in einen ofenfesten Topf geben, mit geriebenem Bergkäse bestreuen und bei 200 °C im Backofen kurz überbacken.

Als Beilage passt Polenta, wie auf Seite 093 beschrieben, oder krustiges Bauernbrot.

Wer in den Bergen lebt, kann der Natur das Wässern überlassen: Kuttelfleck in ein Netz geben und eine Woche in den Gebirgsbach hängen.

ZU FINDEN BEI DEN REZEPTEN

Steinpilz

Die Hochsaison der Jagd auf Rotwild beginnt mit dem Ausklang der Steinpilzsaison. Wunderbar für die Küche, wenn man die edlen Pilze und das edle Wild gemeinsam hat.

Feuerpaste

zur köstlichen Fettverwertung

Zutaten

200 g Fett vom Hirsch
oder Wildschwein

2 Zehen Knoblauch

Olivenöl oder anderes
Pflanzenöl wie z. B. Maiskeimöl
oder Rapsöl

Salz

ca. 1 EL edelsüßes Paprikapulver

ca. 1 TL schwarzer Pfeffer

Tabasco oder Chilipaste

Das Fett gemeinsam mit dem Knoblauch fein faschieren (wer die Sache rustikaler haben will, nimmt noch ein paar Zehen Knoblauch mehr).

Einen Schuss Olivenöl oder Maiskeimöl zugießen und die Masse mit dem Knethaken einer Küchenmaschine hochtourig rühren, bis sie cremig ist. Dabei so viel von den Gewürzen einarbeiten, dass die Paste ihrem Namen gerecht wird und eine lebhaft rote Farbe annnimmt. Bei der Würze lässt sich variieren: So passen auch ein paar zerdrückte Wacholderbeeren, Nelkenpfeffer (alias Piment oder Neugewürz), Koriander und Kardamom in die gehaltvolle Komposition.

Die Feuerpaste der endgültigen Bestimmung zuführen, indem man sie auf Weiß- oder Schwarzbrot streicht und im Backofen toastet, bis das Brot gut Farbe genommen hat. Auch auf dem Grill geröstetes Brot ist eine geeignete Unterlage.

Wie leicht ersichtlich, gibt es für Feuerpaste eine natürliche Bestimmung: Nach dem Pirschgang genießen (ob erfolgreich oder nicht), begleitet von belebenden Getränken wie Bier und Schnaps zum guten Schluss.

Zur Variation: Mit diesem Rezept kann man auch andere Fette gut verarbeiten, zum Beispiel das weiße Bauchfett vom Rind, Bauchspeck vom Schwein oder – ganz vorzüglich! – das Fett von Kalbsnieren.

Zur weiteren Verwertung: Als Fett bei der Zubereitung von Reisfleisch, Risotto oder Rollgerste.

Hirschschinken

mit Orange

Zutaten für 8 Portionen

Kaiserteile vom Hirschschlegel
Pökelsalz
Rohrohrzucker
Wacholderbeeren
Korianderkörner
Ingwer
unbehandelte Orangenschale
Orangenlikör oder -destillat
brauner Rum
getrocknete Kräuter

Fleisch abwiegen und danach mit der folgenden Marinade rundum gut einreiben: Pro Kilo Fleisch nimmt man 22 g Pökelsalz, 1 EL Rohrohrzucker, ein paar zerdrückte Wacholderbeeren und Korianderkörner, 1 TL fein geschnittenen Ingwer, 1 TL getrocknete Kräuter, ein wenig geriebene Orangenschale und je einen Schuss Orangenlikör und Rum.

Fleisch vakuumieren und auf diese Art konserviert eine Woche oder ein wenig länger marinieren.

Fleisch im Vakuumbeutel knapp unter dem Siedepunkt gar ziehen lassen. Die Garzeit variiert stark und ist von der Dicke der Fleischstücke abhängig. Das Fleisch ist ausreichend gegart, wenn es sich bei der Druckprobe fest anfühlt (etwa so, wie ein angespannter Muskel).

Fleisch im Vakuumbeutel belassen und in eiskaltes Wasser legen, bis es ganz ausgekühlt ist.

Derart zubereitet hält der Schinken mindestens vier Wochen und eignet sich als Vorspeise, Jause und Garnierung verschiedenster Gerichte.

Zum Beispiel macht sich dieser Schinken sehr gut auf einem Endiviensalat mit **Buttermilchdressing.** *Für das Dressing Buttermilch mit Zitronensaft, Tabasco, Steinklee, Salz und Pfeffer verrühren. Eventuell auch einen Löffel Crème fraîche einrühren. Schinken hauchdünn schneiden und gefällig auf dem Salat drapieren.*

Der Kaiserteil sitzt an der Innenseite der Oberkeule des Hinterlaufs (des „Schlegels") und ist seinerseits wieder ein Teil der „Schale", die aus Schalendeckel, Schalenscherzel und eben Kaiserteil besteht. Der Kaiserteil ist auch ein ausgezeichnetes Fleisch für Schnitzel.

Hirschschinken-Terrine

mit Steinpilzen

Zutaten für 8 Portionen

1 Schalotte

1 Zehe Knoblauch

200 g Steinpilze

Butter

300 g gekochter Hirschschinken

500 g QimiQ

50 g Dijon-Senf

Steinpilzmehl (siehe Anmerkung unten)

Salz

Pfeffer

Schalotte und Knoblauchzehe schälen und fein hacken. Pilze putzen und in kleine Stücke schneiden. Pilze, Schalotte und Knoblauch in 1 EL Butter braten, bis die von den Pilzen austretende Flüssigkeit völlig verdampft ist.

Schinken in Stücke schneiden und fein faschieren.
Pilze mit Schinken, QimiQ, Senf, 1 EL Steinpilzmehl, Salz und Pfeffer vermischen. Masse in eine Küchenmaschine geben (am besten eignet sich für diese Zubereitung ein Thermomixer) und mixen, bis eine glatte und homogene Masse entstanden ist. Die Masse nochmals abschmecken.

Zwei kleine Terrinenformen oder eine große Terrinenform am Boden und den Innenseiten anfeuchten und mit Frischhaltefolie möglichst faltenfrei auslegen (durch die Feuchtigkeit hält die Folie gut an der Form). Masse ca. zwei Finger hoch in die Form(en) füllen. Terrine(n) kühlen, bis die Masse gestockt und schnittfest ist.

Terrine aus der Form heben und in Scheiben schneiden. Mit eingelegten Pilzen (siehe Seite 075) und Salat anrichten. Dazu passt auch getoastetes Schwarzbrot.

Zur Variation: Wenn man verschiedene Pilze zur Verfügung hat, kann man diese Terrine sehr schön auf **Pilzsalat** servieren. *Dafür die Pilze kurz bei großer Hitze mit ein wenig Nussöl rösten, mit ein wenig Zitronensaft oder weißem Balsamessig beträufeln, salzen, pfeffern, mit einem Hauch Kümmel oder Kreuzkümmel parfümieren und auskühlen lassen. Mit Kräutern wie Liebstöckel, Kerbel oder Estragon dekorieren und mit der Terrine anrichten.*

Zum Steinpilzmehl: Steinpilzmehl erhält man ganz einfach, indem man getrocknete Steinpilze (zum Beispiel Bruchstücke, die ohnehin nicht besonders attraktiv sind) in einem Cutter gründlich zerkleinert.

Hirschherz

mit Roten Rüben, Mandarinen und Presserdäpfeln

Zutaten für 4 Portionen

1 Hirschherz

8 kleine Rote Rüben

Salz

Zucker

Kümmel

Cassis (Johannisbeerlikör)

Apfelessig

Kren oder Krenpaste

Pfeilwurzelmehl

1 große oder 2 kleine kernlose Mandarinen

4 Erdäpfel

Wacholderbeeren

Salbeiblätter

Viele Jäger sind nicht nur gut zu ihren Hunden, sondern sehr gut. Diese Jäger verfüttern die Herzen der erlegten Rotwild-, Rehwild-, Gamswild- etc. Stücke an ihre Hunde. Da kommt dann kein Koch mehr ran. Sollten Sie dennoch die Gelegenheit zur Zubereitung eines Hirsch- etc. Herzens haben, dann ist die hier beschriebene Art eine besonders aussichtsreiche.

Herz aufschneiden, gut wässern und wie Beuschel kochen (siehe Seite 064). Hirschherz in kaltes Wasser legen, damit die Farbe erhalten bleibt. Herz feinblättrig schneiden (am besten mit einer Aufschnittmaschine).

Rote Rüben sorgfältig putzen, gut waschen und in Wasser mit einer kräftigen Prise Salz, einer Prise Zucker und Kümmel weich kochen. Rüben aus dem Fond heben und kalt abschrecken. Rüben schälen (das geht ganz leicht, indem man die Schalen mit den Händen abrubbelt).

Rüben blättrig oder in Würfel schneiden. ⅛ l vom Kochfond der Rüben mit je einem Schuss Johannisbeerlikör und Apfelessig sowie geriebenem Kren oder Krenpaste aufkochen. Mit in kaltem Wasser angerührtem Pfeilwurzelmehl leicht binden. Rüben mit der Marinade vermischen.

Erdäpfel schälen, in Stücke schneiden und in leicht gesalzenem Wasser weich kochen.

Wenn dieses Gericht besonders elegant werden soll: Mandarinen schälen und das Fruchtfleisch zwischen den Trennhäuten herausschneiden (so erhält man „Mandarinenfilets").

Rüben gefällig auf die Teller legen, die Scheiben vom Hirschherz locker darauf drapieren, Mandarinenspalten dazulegen.

Erdäpfel durch die Presse auf die Teller drücken und mit **Wacholdersalz** leicht bestreuen: *Für Wacholdersalz zerdrückte Wacholderbeeren in Salz einlegen, damit dieses einen leichten Wacholderduft annimmt.* Als Dekoration passen frittierte Salbeiblätter (dafür die Salbeiblätter ganz kurz in heißes Pflanzenöl legen, nach dem Frittieren auf Küchenkrepp trocknen lassen).

Hirschsuppe

mit Schwarzbrotpofesen

Zutaten für 8 Portionen

½ kg Hirschfleisch

½ Knolle Sellerie

3 Karotten

2 große Zwiebeln

3 Zehen Knoblauch

Ingwer

200 g Schweineschwarten

5 Wacholderbeeren

1 kleine Zimtstange

1 EL getrockneter Majoran

2 Pimentkörner

1 TL getrockneter Liebstöckel

2 Lorbeerblätter

½ l Rotwein

Cayennepfeffer

Salz, Pfeffer

Gin

Tapiokamehl

Für die Pofesen

150 g Wildleber

1 kleiner Steinpilz oder
3 Champignons

1 Zehe Knoblauch

1 Schalotte

1 Scheibe Speck

Weizengrieß

Salz, Pfeffer, Tabasco

gemahlener Kümmel

QimiQ

Schwarzbrot

Fleisch faschieren. Wurzelgemüse, Knoblauch und Ingwer schälen und klein schneiden. In einem Topf einen kleinen Schuss Öl erhitzen, Fleisch und Gemüse darin anschwitzen. Mit Wein ablöschen und 2 l Wasser zugießen. Schwarten mit Küchengarn binden und in den Topf geben.

Suppe zum Köcheln bringen, aufsteigenden Schaum abschöpfen. Kräuter und Gewürze zugeben. Suppe ca. 1 Stunde köcheln.

Schwarten aus dem Topf nehmen. Suppe mit Salz, Pfeffer, Cayennepfeffer und Gin abschmecken. Tapiokamehl in wenig Wasser anrühren und so viel davon in die Suppe einkochen, dass sich eine leichte Bindung ergibt.

Für die Pofesen Leber klein schneiden. Pilz(e) putzen und blättrig schneiden. Knoblauch und Schalotte schälen und blättrig schneiden. Speck kleinwürfelig schneiden.

Alle Zutaten sowie 1 TL Weizengrieß in 1 EL Butter im bedeckten Topf schmurgeln, bis die Leber gar ist (dauert wenige Minuten). Mit Salz, Pfeffer, Tabasco und einer kleinen Prise gemahlenem Kümmel würzen, 3 EL QimiQ zugeben und alles in einer Küchenmaschine zu einer Paste verarbeiten. Paste kalt stellen.

Schwarzbrot in 2 bis 3 mm dicke Scheiben schneiden, mit reichlich Leberpaste bestreichen, mit einer zweiten Brotscheibe abdecken. Brote in Frischhaltefolie einschlagen und tiefkühlen.

Vor der Verwendung Brote aus dem Tiefkühler nehmen, in Quadrate von 2 bis 3 cm Kantenlänge schneiden und auf Zimmertemperatur bringen.

Pofesen in Suppenteller einlegen und mit heißer Suppe übergießen.

Hirschragout

mit Rahmpolenta

Zutaten für 8 Portionen

2 ½ kg Hirschschlegel

Schweineschmalz

Salz, Pfeffer

2 Karotten

3 Zwiebeln

¼ Knolle Sellerie

30 g Ingwer

150 g durchzogener ganzer Speck

ca. ⅛ l Preiselbeeren

ca. ⅛ l Heidelbeeren

Zucker

evtl. 1/8 l Rotweintrebern

2 l kräftiger Rotwein

Kakaopulver

Wacholderbeeren

Korianderkörner

Kümmel

4 Zehen Knoblauch

Kräuterlikör (z. B. Benedictine oder Chartreuse)

evtl. Gebirgswermut

Butter

evtl. Maisstärkemehl

Für die Polenta

250 g Maisgrieß

½ l Milch

½ l Schlagobers

Muskatnuss

Salz

Pfeffer

Fleisch in Würfel von ca. 4 cm Kantenlänge schneiden.

4 EL Schmalz erhitzen, Fleisch anbraten, salzen, pfeffern und zugedeckt dünsten, bis der aus dem Fleisch tretende Saft verdunstet ist.

Karotten schälen und würfelig schneiden. Zwiebeln schälen und in Spalten schneiden. Sellerie schälen und würfelig schneiden. Ingwer blättrig schneiden (die Schale kann dranbleiben).

Gemüse, Preiselbeeren, Heidelbeeren, 5 EL Zucker und den Speck zum Fleisch geben, falls verfügbar, auch eine Tasse Rotweintrebern. Wein zugießen. 1 TL Kakaopulver, 3 Wacholderbeeren, 10 Korianderkörner, 1 TL Kümmel oder Kreuzkümmel, gepressten Knoblauch, einen Schuss Kräuterlikör und falls verfügbar 1 TL getrockneten Gebirgswermut einrühren. Ragout zugedeckt ca. zwei Stunden köcheln.

Fleisch aus dem Topf heben. Sauce durch ein Sieb gießen, erhitzen, zur Bindung ein paar Löffel Butter und – wenn nötig – ein wenig in Wein aufgelöstes Maisstärkemehl einrühren. Sauce mit Salz und Pfeffer abschmecken. Fleisch in die Sauce geben.

Für cremige Polenta Maisgrieß in der vierfachen Menge Flüssigkeit – in diesem Fall in Milch und Schlagobers – ein paar Minuten bei kleiner Hitze köcheln. Mit Salz, Pfeffer und geriebener Muskatnuss abschmecken.

Hirschfilet

mit Trevisano und Apfelkren

Zutaten für 4 Portionen

1 Hirschfilet

Salz

1 unbehandelte Orange

getrockneter Majoran

getrocknetes Bohnenkraut

Liebstöckel

schwarzer Pfeffer

Wacholderbeeren

Knoblauch

Blutwurzschnaps

Kräuterlikör

alter Bergkäse (am besten von Gunther Naynar)

Für den Salat

4 kleine Trevisano (Radicchio mit länglichen Blättern)

Butter

Zucker

Knoblauch oder Schnittknoblauch

Salz

Apfel-Balsamessig

Pfeilwurzelmehl

Für den Apfelkren

2 kleine Äpfel

Granatapfelsaft o. Hollersirup

Kren

Zur Variation: Statt Trevisano kann man auch Chicorée, Herzen vom Grünen Salat oder große Löwenzahnblätter verwenden.

Hirschfilet zuputzen und abwiegen. Pro Kilo Fleisch 22 g Salz, die geriebene Schale von einer Orange, je eine Prise Majoran, Bohnenkraut und Liebstöckel, ein paar zerdrückte Pfefferkörner und Wacholderbeeren sowie eine zerdrückte Knoblauchzehe mit je einem Schuss Blutwurzschnaps und Kräuterlikör vermischen und das Fleisch damit rundum gut einreiben. Fleisch in Frischhaltefolie wickeln und mindestens zwei Tage gekühlt beizen.

Salat putzen und der Länge nach halbieren. 2 EL Butter mit ein paar Scheiben vom Knoblauch oder einer guten Prise Schnittknoblauch und je einer Prise Salz und Zucker bis zu ganz leichter Braunfärbung erhitzen. Salat einlegen, je einen Schuss Essig und Wasser zugießen, Deckel auf die Pfanne legen und den Salat weich dünsten (dauert nur wenige Minuten). Saft mit in Wasser angerührtem Pfeilwurzelmehl leicht binden.

Äpfel schälen, entkernen und blättrig schneiden oder hobeln. In ein wenig Wasser mit Zucker und Granatapfelsaft oder Hollersirup weich schmoren und mixen. Mit nicht zu wenig frisch gerissenem Kren vermischen (das Apfelmus soll recht würzig schmecken).

Hirschfilet in messerrücken- bis kleinfingerdicke Scheiben schneiden und mit dem geschmorten Salat, Apfelkren und ein paar kleinen Stücken oder gehobelten Scheiben vom Bergkäse anrichten. Mit dem Saft vom Schmorsalat leicht beträufeln. Dazu passen auch geröstete Nüsse.

Für das Serviettenknödelkochen ausschließlich für den Zweck der Knödelzubereitung reservierte Servietten verwenden, die entsprechend duftfrei gewaschen werden. Gute Alternative: Man besorgt sich Stoffwindeln, die nicht parfümiert sind. Der Griff zur Alufolie oder Frischhaltefolie wäre übrigens ein Fehlgriff. Derart eingewickelte Knödelmasse kriegt wenig Feuchtigkeit und wird daher nicht so flaumig, wie es der Serviettenknödel werden muss. Auch sind die Weichmacher im Kunststoff nicht unbedingt das, was in den Knödel gehört, und Alufolie verfärbt sich beim Kochen schwarz, was möglicherweise auch die ernährungsphysiologischen Eigenschaften des Knödels trübt.

Serviettenknödel

Dazu braucht man vor allem naturbelassene Servietten. Heutzutage hat fast jedes Waschmittel irgendwelche Duftstoffe intus, und die wollen wir ganz sicher nicht auf unserem Knödel. Wie man die Knödel naturbelassen macht, steht in der Anmerkung oben.

Hirschstelze

mit Serviettenknödel

Zutaten für 4 Portionen

2 Hirschstelzen (à ca. 400 g)*
Olivenöl
Wacholderbeeren
3 Zehen Knoblauch
Pfeffer
2 Scheiben Hamburgerspeck
½ l Rotwein
⅛ l Johannisbeerlikör
Bohnenkraut
Butter
Maisstärkemehl

Für den Knödel

1 Sandwich (700 g)
3 Eier
3 Eidotter
250 g glattes Mehl
50 g Weizengrieß
1 l Milch
Butter
Muskatnuss
Salz, Pfeffer

** Vor der Zubereitung das Fleisch ein, zwei Wochen vakuumiert reifen lassen.*

Ideal für die Zubereitung von Stelzen und dergleichen robustem Fleisch sind Kombi-Dämpfer, die neben Hitze auch Feuchtigkeit liefern und die Garzeit erheblich verkürzen.

Stelzen zuputzen, mit Olivenöl einstreichen und über Nacht marinieren. In einem schweren Bräter ein wenig Olivenöl erhitzen. Fleisch einlegen. 6 Wacholderbeeren, Knoblauch in der Schale, 2 TL zerdrückte schwarze Pfefferkörner und Speck zugeben. So viel Wein zugießen, dass die Flüssigkeit ca. 1 cm im Topf steht, weiters einen kräftigen Schuss Likör zugießen. Fleisch einlegen und bei 190 °C im unbedeckten Topf schmoren. Dabei immer wieder mit Fond übergießen. Sobald das Fleisch Farbe genommen hat, halb zudecken und weiterschmoren. Die Stelzen sind gar, sobald sich die Knochen leicht aus dem Fleisch ziehen lassen. Danach kann man das Fleisch bei 60 °C im bedeckten Geschirr im Ofen noch ein, zwei Stunden stehen lassen. Das Fleisch wird dadurch noch besser.

Für den Knödel vom Sandwich die Rinde abreiben. Brot in zentimetergroße Würfel schneiden und unter Zugabe von 1 EL Butter im Rohr bei ca. 200 °C ein wenig rösten. Brotwürfel leicht abkühlen lassen, Mehl und Grieß dazugeben.

Milch mit Eiern, Dotter, Salz und geriebener Muskatnuss verquirlen. Über das Brot gießen und durchmischen, sodass das Brot gut durchfeuchtet ist.

2 Servietten (siehe Anmerkung) gut befeuchten. Masse straff in die Servietten wickeln, Enden zusammendrehen und mit Küchengarn an den Enden und in der Mitte binden. Knödel in leicht gesalzenem Wasser bei halb bedecktem Geschirr köcheln (dauert ca. 20 Minuten).

Fleisch aus dem Topf heben. Flüssigkeit durch ein Sieb gießen. Ein wenig Maisstärkemehl mit Wasser anrühren. Saft erhitzen. Durch Einkochen von Maisstärkemehl leicht binden. Mit Salz und Pfeffer abschmecken.

Fleisch von den Knochen lösen, auf Teller geben und leicht salzen. Knödel in Scheiben schneiden und zum Fleisch geben. Fleisch mit Sauce überziehen. Zusätzlich passen Preiselbeerkonfitüre, Quittenkompott oder Apfelmus.

Hirschkalbsrücken

mit Erdäpfeltascherln

Zutaten für 4 Portionen

4 Hirschkalbsrückensteaks
Nussöl
Salz, Pfeffer
Butter

Für den Tascherlteig

50 g Butter
200 g glattes Mehl
100 g Sauerrahm
Salz
1 Spritzer Weißweinessig

Für die Tascherlfülle

300 g mehlige Erdäpfel
Minze
250 g Topfen (20 % F.i.T.)
1 EL Weisweinessig
Salz, Pfeffer

Beim Erhitzen der Butter gelangt man an einen Punkt, an dem die Molke braun wird und gleich danach verbrennt. Der schmale Grat dazwischen – bereits braun, aber noch nicht verbrannt – ist geschmacklich interessant, weil die Butter nicht nur nussbraune Farbe hat, sondern auch leicht nussigen Geschmack (was sehr gut zu Wildgerichten passt). Um diesen goldenen bzw. nussbraunen Moment zu konservieren, gieße man die also nussbraun gefärbte Butter unverzüglich aus dem Kochgeschirr in ein kaltes Gefäß (zum Beispiel ein Kaffeehäferl). Dort bleibt sie dann nussbraun. Andernfalls – nämlich man sich denkt, Hitze aus, alles paletti – wird die nussbraune Butter nachbräunen. Das wäre gar nicht gut, denn unmittelbar nach dem Bräunen kommt das Verbrennen der Butter, was wir gar nicht wollen.

Für den Teig eiskalte Butter in kleine Stücke schneiden und mit den restlichen Zutaten rasch zu einem glatten Teig kneten. Teig ca. ½ Stunde gekühlt rasten lassen.

Für die Fülle Erdäpfel in gesalzenem Wasser weich kochen, schälen und durch die Erdäpfelpresse drücken. Minzeblättchen von den Stielen zupfen und fein schneiden (man benötigt 1 EL davon). Erdäpfel und Minze mit den restlichen Zutaten glattrühren.

Teig messerrückendick ausrollen. Scheiben von ca. 7 cm Durchmesser ausstechen, mit Fülle belegen, zu Tascherln zusammenlegen und die Ränder in der Art der Kärntner Kasnudeln überlappend verschließen („krendeln"; es wird jeweils ein kleines Stück des Teigrands ein wenig ausgezogen und über das nächste Stück des Teigrands gefaltet). Tascherln in gesalzenem Wasser knapp unter dem Siedepunkt gar ziehen lassen (bis sie an der Oberfläche schwimmen).

Fleisch mit Öl einreiben, pfeffern und dämpfen (dauert ca. 15 Minuten; das Fleisch sollte innen rosa bleiben).

Fleisch auf Teller geben und mit Kräutersalz (siehe Seite 076) bestreuen. Tascherln in nussbrauner Butter schwenken und dazulegen, alles mit brauner Butter (siehe Anmerkung links) beträufeln und eventuell mit gemahlenen und gerösteten Haselnüssen bestreuen.

Hirschrücken

mit Kürbis und Hagebuttenmarmelade

Zutaten für 4 Portionen

1 kg Hirschrücken

schwarzer Pfeffer

1 Zehe Knoblauch

Salz

Schweineschmalz

6 Schalotten

1 Pastinake

Für die Marmelade

150 g Hagebutten

850 g Äpfel

400 g Zucker

Für den Kürbis

Butterschmalz

2 Orangen

Cayennepfeffer

Ingwer

1 messerrückendicke Scheibe Hamburger Speck

1 Spalte Muskatkürbis (ca. 300 g)

Für die Sauce

¼ l Rotwein

1⁄16 l Cassis

1⁄16 l Kräuterlikör

1⁄16 l Balsamicoessig

4 Wacholderbeeren

Gebirswermut

Schwarzbeermarmelade

Butter

Für die Marmelade Hagebutten halbieren, von den Äpfeln die Kerngehäuse ausstechen, Äpfel blättrig schneiden. Äpfel und Hagebutten mit Zucker und 150 ml Wasser mischen und über Nacht zugedeckt stehen lassen. Alles ca. eine halbe Stunde kochen. Masse durch die feine Scheibe der Flotten Lotte drehen. In Gläser füllen und sterilisieren.

Fleisch zuputzen, mit grob geriebenem oder zerdrücktem Pfeffer und gepresstem Knoblauch großzügig einreiben, mäßig salzen. In Schmalz rundum anbraten und im vorgeheizten Backofen bei 200 °C ca. 10 Minuten braten (das Fleisch sollte sozusagen halb durch sein, die ideale Kerntemperatur beträgt 55 °C). Temperatur des Ofens auf 60 °C reduzieren und das Fleisch ca. 15 Minuten ziehen lassen.

Für die Sauce Wein mit den Likören, Balsamicoessig und Wacholderbeeren auf ein Viertel der ursprünglichen Menge einkochen. Durch Einrühren von 2 EL kalter Butter ein wenig binden.

Für den Kürbis in einer Pfanne 1 EL Butterschmalz mit dem Saft von 2 Orangen, ein wenig Cayennepfeffer und ein paar Scheiben Ingwer erhitzen. Kürbis einlegen und im Backofen bei 200 °C schmoren, bis der Kürbis weich ist und sich mit dem Löffel von der Schale heben lässt.

Fleisch in Scheiben schneiden und auf Teller geben. Kürbis stückweise von der Schale stechen und zum Fleisch geben. Fleisch mit Sauce überziehen, Hagebuttenmarmelade als Beilage servieren.

Gegrillte Hirschkoteletts

mit Pilzen und Pilzpaste

Zutaten für 4 Portionen

8 gut abgelegene Hirschkoteletts (am Knochen)

schwarzer Pfeffer

Wacholderbeeren

Pilze wie Steinpilze, Parasole, Maronenröhrlinge und/oder Wiesenchampignons

Rosmarin

Für die Pilzpaste

2 EL getrocknete Steinpilze

2 EL getrocknete Wildkräuter wie Brennnesseln, Gebirgswermut, Dost, Quendel, Minze etc.

schwarzer Pfeffer

1 Zehe Knoblauch

Maiskeimöl oder Schweineschmalz

Chilipulver

Salz

Hirschkoteletts rundum gut mit zerdrücktem Pfeffer und zerdrückten Wacholderbeeren einreiben. Auf den Grill über Buchenholzglut legen. Die Vorbereitung der Glut kann gut und gerne eineinhalb Stunden dauern. Grundsätzlich gilt beim Grillen: nichts übereilen, abwarten und keinen Tee, sondern Bier oder Wein trinken. Das Fleisch am besten auf die Seite des Rosts legen, sodass die Hitzeeinwirkung mäßig ist. Je gemächlicher der Garprozess vor sich geht, desto besser.

Alarmsignal: Wenn das Fleisch Krusten ansetzt, hat man etwas ganz falsch gemacht.

Gemeinsam mit dem Fleisch in Scheiben geschnittene Steinpilze, Kappen von Parasolpilzen, Wiesenchampignons, Speck und/oder Wildwürstel grillen. Kurz bevor das Fleisch gar ist – die Druckprobe gibt Auskunft: das Fleisch soll sich nur noch im Kern weich anfühlen – einen Zweig Rosmarin oder Wacholder auf die Glut legen.

Während des Grillens gesellig Bier oder Wein trinken, aber jedenfalls eine Paste zubereiten: Getrocknete Steinpilze und Kräuter mahlen, mit Pfeffer, einer zerdrückten Knoblauchzehe, einem Schuss kochenden Wasser und einem guten Schuss Öl oder einem Löffel Schmalz verrühren.

Weiters passen zu den Hirschkoteletts Schwarzbeersenf (siehe Seite 111), Preiselbeeren (in Zuckerwasser gekocht) und/oder Hagebuttenmarmelade (siehe Seite 099).

Wer keinen Grill hat, ist arm dran, kann die Koteletts natürlich aber auch in der Grillpfanne zubereiten. In diesem Fall nicht auf das Beilegen eines Kräuterzweigs verzichten, denn dieser bringt den feinen Duft.

Wild wursten – das ist Resteverwertung auf höchstem Niveau

Was ethisch geboten ist, macht kulinarisch sehr viel Freude: Alle kleinen Teile und Abschnitte vom Wildbret, für die man sonst wenig Verwendung hätte, ergeben köstliche Wildwürste und werden damit zum Highlight jeder Grillerei.

Dafür zwei Drittel Reh-, Gams- oder Hirschfleisch mit ⅓ gesurtem Grünen Speck grob faschieren. Den Grünen Speck vor der Zubereitung der Würste mindestens einen Tag in eine Beize aus einem Liter Wasser mit 22 g Salz und 2 EL Zucker legen.

Pro Kilogramm faschiertem Fleisch 22 g Pökelsalz, 1 TL Zucker, ein paar zerdrückte Wacholderbeeren, eine gute Prise getrockneten Majoran, zwei gepresste Knoblauchzehen und diverse getrocknete Wildkräuter, wie sie gut zum Wild passen und in anderen Rezepten dieses Buches reichlich verwendet werden, gut vermischen.

Die Fülle mithilfe eines Dressiersacks in Därme füllen (die Därme kann man sich beim Metzger besorgen, das Format sollte wie für Frankfurter oder Debreziner-Würstel sein).

Kleine Würste abbinden oder lange Würste zu Schnecken rollen und mit Spießen fixieren.

Zum Aufspießen der Wurstschnecken verwendet man am besten Späne aus Lärchenholz, weil dieses Holz ein angenehmes Aroma abgibt.

Wildwürste auf Vorrat zubereiten! Gut gekühlt halten sie mindestens vier Wochen.

Das Patentrezept für Grillfeste, die allen lang in guter Erinnerung bleiben: Man nehme sich viel Zeit und verzichte auf Experimente.

Große Gastfreundschaft muss sich nicht in der Zubereitung großartiger Kreationen ausdrücken. Oft ist es klüger, einfach, aber einfach gut zu kochen und die Zeit seinen Gästen zu widmen, als sich am Herd zu verkämpfen.

Ein Gamsschlegel, wie er fürs Tatar schöner nicht sein könnte.

GAMS WILD

Auch der Lebensraum des Wildes bestimmt den kulinarischen Charakter des Wildbrets. Fleisch von der Gams ist kernig, fest und kräftig im Aroma.

Wildbret von der Gams erhält man selten, aber wenn, ist es ein Glücksfall für die Küche. Man braucht damit gar nicht viel zu tun, um eindrucksvolle Gerichte herzustellen. Bei Carpaccio und Tatar lässt sich der Naturgeschmack von Gams sehr schön und leicht mit passenden Gewürzen und Beilagen verbinden.

Was im Gebirge lebt, bereiten wir mit Zutaten aus den oberen Etagen der Wildreviere zu.

DIE REZEPTE

Gamscarpaccio

mit Schwarzbeersenf und geschmorten Quitten

Zutaten für 4 Portionen
(Honig, Senf und Öl für mehr)

300 g Kaiserteil von der Gams

150 g luftgetrockeneter Gamsrücken (siehe S. 148)

Salz

Kren

Für den Gewürzhonig

Ingwer

Rosmarin

1 Zehe Knoblauch

3 unbehandelte Orangen

2 unbehandelte Zitronen

schwarzer Pfeffer

ganzer Kümmel

Hollerblütensirup

200 g Waldhonig

Für den Senf

¼ l Rotwein

Cassis (Johannisbeerlikör)

150 g Schwarzbeeren

Zucker

100 g Dijon-Senf

Für die Quitten

2 Quitten

6 Zehen Knoblauch

1⁄16 l Haselnussöl

1 TL getrocknete Kräuter wie Thymian, Majoran und Minze

Apfelsaft

Für den Honig Ingwer schälen und feinst hacken. Knoblauch schälen und pressen. Von Orangen und Zitronen die Schalen hauchdünn abheben und feinst schneiden (es entstehen sogenannte Zesten). 1 TL Rosmarinnadeln fein hacken, 1 TL schwarzen Pfeffer im Mörser zerdrücken. Die genannten Zutaten sowie 1 TL Tomatenmark, 1 Prise Kümmel und einen Schuss Hollerblütensirup mit dem Honig ca. 10 Minuten köcheln. Honig in Gläser füllen. Der Gewürzhonig hält mehrere Monate und passt auch zu warmen Wildgerichten, hellem Fleisch und Gemüse wie Spargel und Kürbis. Wegen seiner vielfältigen Verwendbarkeit und günstigen Wirkung in aromatischer Hinsicht betrachten wir ihn als wichtigen Teil unserer kulinarischen Hausapotheke.

Für den Senf Wein, einen kräftigen Schuss Likör, Heidelbeeren und 2 EL Zucker köcheln, bis die Flüssigkeit fast vollständig verdampft und die Masse zähflüssig ist. Reduktion mit Senf verrühren.

Quitten in breite Spalten schneiden, schälen und die Kerngehäuse ausschneiden. Quittenspalten gemeinsam mit Knoblauch (die einzelnen Zehen ungeschält lassen), Öl, Kräutern und einem Schuss Apfelsaft in einen Schmortopf geben, alles vermischen und die Quitten im Backofen bei 170 °C weich schmoren (dauert ca. ½ Stunde).

Fleisch in sehr dünne Scheiben schneiden und mit Quitten, Senf und Honig auf Teller geben. Luftgetrocknetes Fleisch hauchdünn schneiden und auf die Teller streuen. Mit Wacholdersalz (Seite 091) würzen, mit einem Faden Walnuss- oder Haselnussöl überziehen und mit frisch geriebenem Kren bestreuen.

Zur Variation: Alternativ zum luftgetrockneten Fleisch kann man das Carpaccio auch aus frischem Gamsrücken zubereiten. Dafür 300 g Fleisch sauber zuputzen, in Frischhaltefolie wickeln und ein paar Stunden tiefkühlen (im leicht gefrorenen Zustand lässt sich das Fleisch dünner und exakter schneiden). Alternativ kann man frisches Gamsfleisch in dünne Scheiben schneiden und diese leicht plattieren oder mit dem Messerrücken ausstreichen.

Schwarzbeerbrot

als Beilage zu Wildgerichten wie Gamsrillette (umseitig)

Zutaten für ca. 3 Brote

ca. 300 g Schwarzbeeren

1,25 kg glattes Weizenmehl

55 g Germ/Hefe

70 g Olivenöl

Salz

Honig oder Gerstenmalzsirup (siehe Anmerkung unten)

Einen halben Liter Wasser mit den Schwarzbeeren vermischen, alles kurz mixen und einen Tag stehen lassen.

Wasser durch ein Sieb gießen. 250 g Mehl mit 25 g Germ und 1/4 l Schwarzbeerwasser verrühren und diesen Vorteig ca. zwölf Stunden gehen lassen.

Restliches Mehl mit ⅛ l Schwarzbeerwasser, Olivenöl, 30 g Salz, 30 g Germ und 1 EL Honig oder Gerstenmalzsirup sowie dem Vorteig in der Küchenmaschine hochtourig zu einem geschmeidigen Teig kneten (kann ca. 15 Minuten dauern).

Teig zudecken und an einem warmen Platz gehen lassen. Aus dem Teig auf einer leicht bemehlten Arbeitsfläche schlanke Brote in der Art von Baguettes formen, Brote auf den Oberseiten mehrfach einschneiden und im Backofen bei 250 °C Oberhitze und 200 °C Unterhitze backen, bis die Kerntemperatur 98 °C beträgt.

Grundsätzliches zum Brotbacken: Beim Kneten sollen Weizenmehlteige keine höhere Temperatur als 23 °C erreichen. Bei Roggen- und Sauerteigbrot soll die Temperatur nicht höher als 26 °C sein. Die ideale Kerntemperatur zum Abschluss des Backens ist bei allen Brotarten 98 °C.

Zum Gerstenmalzsirup: Der ist eine klassische Zutat für das Backen von Brot und deutlich billiger als Honig. Geschmacklich ist der Unterschied zwischen Sirup und Honig eher unbedeutend.

Gamsrillette

mit Spiegelei, Schwarzbeerbrot und Meisterwurzsalz

Zutaten für 4 Portionen bzw.
für den kulinarisch wertvollen Vorrat

Gamsfleisch

Wacholderbeeren

Knoblauch

schwarze Pfefferkörner

Enten- oder Gänsefett

Salz

4 Eier

Für das Meisterwurzsalz

Salz

Meisterwurzblätter
(siehe Anmerkung unten)

Für das Salz Meisterwurzblätter und Salz schichtweise in ein Einsiedeglas geben und verschlossen ein paar Tage oder auch Wochen stehen lassen.

Für die Rillette Gamsfleisch (man nimmt dafür am besten Fleisch von den vermeintlich weniger edlen Teilen und Abschnitte vom Zuputzen anderer Teile) gemeinsam mit Wacholderbeeren, Knoblauch und Pfefferkörnern grob faschieren und in Enten- oder Gänsefett (Verhältnis Fleisch zu Fett 1:1) mit Salz ca. eine halbe Stunde köcheln. Für 1 kg Fleisch nimmt man 6 Wacholderbeeren und 2 Zehen Knoblauch.

Ein paar Löffel Rillette in eine Eisenpfanne oder in mehrere kleine Pfannen geben, mäßig erhitzen, Eier darauf schlagen und Spiegeleier braten. Eier mit Meisterwurzsalz und schwarzem Pfeffer würzen.

Anmerkung zur Nützlichkeit: Rillette immer gleich in größeren Mengen zubereiten! In verschlossenen Gläsern und gekühlt gelagert hält sie monatelang und ist immer dann nützlich, wenn der Hunger groß ist und das Gericht deftig sein darf.

Zum Meisterwurzsalz: Dieses verleiht den Gerichten einen sehr interessanten, leicht metallischen Geschmack. Man sollte es behutsam einsetzen.

ZU FINDEN BEI DEN REZEPTEN

Rehbeuschel mit Schwammerln, Seite 064
Maibockschlegel mit Frühlingskräuter-creme, Seite 077
Gesulztes Gamstatar, Seite 117
Wildsautascherln mit Gerstelkraut, Seite 128
Wildsaugulasch Szegediner Art, Seite 131
Wildfleischknödel, Seite 146

Schnittlauch

Neben Petersilie ist Schnittlauch Österreichs Küchenkraut par excellence. Auch bei Wildgerichten kann der feine Lauch sinnvoll verwendet werden. Für manche überraschend: Schnittlauch kann man auch in der Wildnis finden, zum Beispiel an den Ufern von Gebirgsseen.

Gamstatar

mit Senfmayonnaise

Zutaten für 10 Portionen

500 g Fleisch vom Gamsschlegel

50 g entkernte schwarze Oliven

30 g Kapern

Kräuter wie Schnittlauch, Petersilie, Liebstöckel, Basilikum

große Basilikumblätter oder Bärlauchblätter für das Auslegen der Form

Dijon-Senf

Wasabipaste

Worchestershiresauce

Sojasauce oder Liebstöckelextrakt (siehe Seite 032)

¼ l Rindsuppe

2 TL (30 g) Geleepulver

Salz

Pfeffer

Für die Mayonnaise

2 Eier

100 ml Olivenöl

3 EL Balsamicoessig

Saft von 1 Zitrone

1 TL Dijonsenf

1 TL süßer Senf

2 EL Essiggurkenmarinade

Für die Garnitur

Sprossen, Radieschen, Jungzwiebeln und/oder herbwürzige Salate

Fleisch fein schneiden oder faschieren. Oliven und Kapern fein hacken, ebenso die Kräuter (man benötigt ca. 3 EL voll). Fleisch mit Kräutern, Oliven, Kapern, 1 EL Dijon-Senf, 1 TL Wasabi, 2 Spritzer Worchestershiresauce, schwarzem Pfeffer und Salz vermischen.

Suppe mit 1 EL Sojasauce wärmen, Geleepulver darin auflösen und abkühlen lassen.

Eine Terrinenform hauchdünn mit Gelee ausgießen. Mit großen Basilikum- oder Bärlauchblättern auslegen. Restliche Geleeflüssigkeit mit dem Fleisch vermischen. Masse in die Form füllen und kühlen.

Gesulztes Tatar aus der Form stürzen, in Scheiben schneiden und auf Teller geben.

Für die Mayonnaise alle Zutaten mit dem Stabmixer zu cremiger Konsistenz aufschlagen. Eventuell einen Schuss kochend heißes Wasser einmixen (macht die Mayonnaise leichter). Sauce zum Beef Tatar geben, mit Sprossen etc. garnieren.

Nach demselben Rezept kann man auch Reh- oder Hirschtatars zubereiten.

Gamsleber

mit Schwarzbeeren und Selleriepüree

Zutaten für 4 Portionen

800 g Gamsleber
2 Zwiebeln
Butter
Wacholderbeeren
Kräuter
Apfel-Balsamessig
Salz
Pfeffer

Für die Beeren

150 g Schwarzbeeren
2 EL Zucker

Für das Püree

1 kleine Knolle Sellerie
Milch
Obers
Salz
Muskatnuss

Zum Garen der Leber: Durch das Ruhen verliert die Leber Blut, was in diesem Fall erwünscht ist, weil die Leber beim späteren Garen besonders weich bleibt. Leber immer nur bei milder Hitze braten und nur so lang, dass sie innen noch rosa bleibt.

Leber enthäuten, in einige Stücke schneiden und die großen Blutgefäße entfernen. Die Leber einen Tag lang im Kühlschrank liegen lassen (siehe Anmerkung links unten).

Für die Beeren Zucker mit einem guten Schuss Wasser aufkochen, Beeren zugeben und Topf von der Hitze nehmen und die Beeren im Zuckerwasser ziehen lassen.

Für das Püree Sellerie schälen, klein schneiden, in einen Topf geben und so viel Milch und Obers zu gleichen Teilen zugießen, dass die Selleriestücke bedeckt sind. Salzen und den Sellerie weich kochen. Fond abgießen und auffangen. Sellerie pürieren. So viel vom Fond einmixen, dass das Püree sämige Konsistenz hat. Mit Salz und geriebener Muskatnuss abschmecken.

Leber in Scheiben schneiden. Zwiebeln schälen und blättrig schneiden. In einer Pfanne 2 EL Butter mit zerdrückten Wacholderbeeren bis zum leichten Aufschäumen erhitzen.

Leberscheiben einlegen, sanft anbraten, wenden und nochmals kurz und schonend gar ziehen lassen. Leber aus der Pfanne heben und warm stellen. Einen weiteren Löffel Butter in die Pfanne geben. Zwiebeln darin glasig bis goldbraun braten. Einen Spritzer Essig und geschnittene Kräuter einrühren, mit Salz und Pfeffer abschmecken. Leber in diesen Saft legen und wärmen.

Leber mit Schwarzbeeren und Püree servieren. Als weitere Beilage passt Quittenkraut wie auf Seite 135 beschrieben.

ZU FINDEN BEIM REZEPT

Gamsragout mit Schwarzbeeren, Seite 122

für das ultimative Waldaroma

Zutaten

Flechten

Kräuterlikör wie Chartreuse, Pernod oder Averna

Im Winter sind Flechten eine begehrte Nahrung von Reh-, Rot- und Federwild, das in dieser Jahreszeit sonst kaum eine andere, derart hochwertige Nahrung findet. Was dem Wild mundet, kann auch Menschen kulinarisch erfreuen – allerdings nur solche, die den streng metallischen Geschmack der Flechten mögen. Wegen dieser ungewöhnlichen und gewöhnungsbedürftigen Aromatik sollte man Flechten auch stets sehr zurückhaltend einsetzen.

Und so kann man die seltsamen Gewächse kulinarisch aufbereiten: Flechten ca. 1 Stunde kochen, abseihen und in Kräuterlikör einlegen. So viel Likör verwenden, dass die Flechten bedeckt sind. Flechten im Likör ziehen lassen. Die Flechten sind so eingelegt fast unbegrenzte Zeit haltbar.

Nach einem Monat oder später sind die Flechten verwendbar. Beispielsweise so: Flechten aus dem Likör heben, trockentupfen und frittieren.

Frittierte Flechten passen als starker geschmacklicher Akzent zu Fleisch, aber auch Desserts. Bezüglich der Dosierung gilt: Lieber wenig als zu viel.

Alternativ kann man Flechten auch mit Likör pürieren und Preiselbeeren oder Moosbeereen (Cranberries) damit geschmacklich erweitern. Beeren in kochendes, ziemlich stark gezuckertes Wasser geben, Deckel auf den Topf legen und den Topf vom Herd ziehen. Beeren auskühlen lassen, Flechtenpüree einrühren. Auf einen halben Liter Preiselbeeren oder Moosbeeren reicht 1 TL Flechtenpüree.

Resteverwertung: Den Likör, in dem die Flechten eingelegt waren, kann man beim Brotbacken, für das Abschmecken von Wildsuppen oder das kräftige Aromatisieren von Wermut verwenden.

Gamsragout

mit Schwarzbeeren und frittierten Flechten

Zutaten für 8 Portionen

2 kg Fleisch von Gamskeulen

200 g Knollensellerie

200 g Schalotten

100 g Butterschmalz

Salz

schwarzer Pfeffer

250 g Schwarzbeeren

100 g Preiselbeeren

8 Wacholderbeeren

2 Zehen Knoblauch

1 EL Kakaopulver

2 EL Zucker

1 Schuss Balsamicoessig

¼ l Ribisellikör (Cassis)

2 l Rotwein

Pfeilwurzelmehl
oder Maisstärkemehl

Butter

Für die Knödel

180 g Milchbrot

⅛ l Milch

2 Eier

1 EL Mehl

Salz

Pfeffer

Nach diesem Rezept kann man auch Hirschragout oder Rehragout zubereiten. Vom Hirsch eignet sich sehr gut der Schopf.

Fleisch in kleine Würfel schneiden. Sellerie und Schalotten schälen und ebenfalls kleinwürfelig schneiden.

Butterschmalz mit Salz und Pfeffer erhitzen, Fleisch einlegen und rundum anschwitzen. Sellerie, Schalotten, Schwarzbeeren, Preiselbeeren, zerdrückte Wacholderbeeren, gepressten Knoblauch, Kakaopulver und Zucker einrühren. Mit Essig, Likör und Wein ablöschen bzw. aufgießen. Fleisch im zugedeckten Topf weich köcheln (dauert ca. 45 Minuten).

Für die Knödel Milchbrot in Würfel von ca. 1 cm Kantenlänge schneiden. Milch und Eier mit den Milchbrotwürfeln, Mehl, Salz und Pfeffer vermischen, zusammendrücken und ungefähr eine halbe Stunde ziehen lassen (bis das Brot gut durchfeuchtet ist).

Aus der Milchbrotmasse acht Knödel formen und in leicht gesalzenem Wasser knapp unter dem Siedepunkt gar ziehen lassen (dauert ca. 8 Minuten).

Fleisch und Gemüse aus dem Topf heben. Saft durch ein Sieb gießen. Fleisch und Gemüse im Saft nochmals aufkochen. Saft mit in Wasser angerührtem Pfeilwurzel- oder Maisstärkemehl leicht binden. Einen Schöpfer vom Saft mit Butter verrühren und schaumig mixen.

Ragout mit Knödel anrichten, mit schaumigem Buttersaft oder Milchschaum überziehen, mit frittierten Flechten (siehe Seite 121) garnieren. Dazu passen auch Preiselbeeren wie auf Seite 026 beschrieben.

Aus einem solchen Wildsauschopf lassen sich wunderbare Schnitzel zubereiten, wie auf Seite 133 beschrieben.

SCHWARZ WILD

Das Wildschwein ist kein Hausschwein, das zeigt sich am Fleisch, das weniger fett und doch schmackhafter ist als das der gezüchteten Verwandten.

Was das Schwarzwild gerne frisst, passt auch gut bei der Zubereitung von Wildschweinfleisch: Wurzeln, Knollen, Körner …

Kräftigkeit und Deftigkeit sind die Qualitäten der Wildschwein-Küche. Aber mit den Filets und Fleisch vom Frischling lassen sich auch recht feine Gerichte zubereiten.

Wildsautascherln

mit Gerstelkraut und Bieressig

Zutaten für 4 Portionen

Für den Nudelteig

180 g Hartweizengrieß

80 g glattes Mehl

2 Eier, 2 Eidotter

2 EL Olivenöl

Für die Fülle

200 g Wildschweinfleisch

100 g Blutwurst

1 Zwiebel

2 Zehen Knoblauch

Liebstöckel, Majoran

Für das Gerstelkraut

1 kleine Zwiebel

1 Knoblauchzehe

1 EL Schweineschmalz

1 TL Zucker

⅛ l Weißwein (z. B. Riesling)

¼ l Rindsuppe oder Selchsuppe

3 EL Rollgerste

1 Lorbeerblatt, 1 Gewürznelke

5 Pfefferkörner, 1 TL Kümmel

500 g Sauerkraut

1 Kartoffel

Kürbiskernöl

Salz, Pfeffer

Für den Bieressig

⅛ l Balsamicoessig

1/16 l dunkles Bier

Für den Nudelteig alle Zutaten am besten mit einer Küchenmaschine zu einem festen, homogenen Teig kneten. Teig in Frischhaltefolie einschlagen und ca. 1 Stunde rasten lassen. Teig kurz vor der Verarbeitung mit einer Nudelmaschine dünn ausrollen. Zwischen den einzelnen Touren mit Hartweizengrieß bestreuen.

Für das Gerstelkraut Zwiebel und Knoblauch schälen. Zwiebel in kleine Würfel schneiden, Knoblauch blättrig schneiden. In Schmalz mit dem Zucker goldgelb anschwitzen, mit Weißwein und Rinds- oder Selchsuppe, ersatzweise mit Wasser aufgießen (in diesem Fall Suppenwürze zugeben). Rollgerste einrühren und 15 Minuten köcheln.

Gewürze in ein Tuch binden. Sauerkraut und Gewürze zur Gerste geben und nochmals 30 Minuten köcheln lassen. Kartoffel fein reiben und unterrühren. Mit Salz und Pfeffer abschmecken.

Für die Fülle Zwiebel und Knoblauch schälen und blättrig schneiden. Gemeinsam mit Fleisch und Blutwurst (diese ohne Haut) grob faschieren.

Nudelteig dünn ausrollen. Die Hälfte des Teiges in gleichmäßigen Abständen mit Fülle belegen. Die andere Teighälfte darüberschlagen. Mit einem passenden Ausstecher runde Tascherln ausstechen (es sollten Teigränder von 1 bis 2 cm frei bleiben). Ränder festdrücken.

Tascherln in gesalzenem Wasser oder Selchsuppe etwa 5 Minuten knapp unter dem Siedepunkt gar ziehen lassen.

Für den Bieressig Balsamicoessig und Bier vermischen.

Gerstelkraut auf vier Teller verteilen. Tascherln darauflegen, mit Kernöl und Bieressig übergießen und mit Schnittlauch und gehacktem Liebstöckel bestreuen.

Wildschweincurry

nach der Methode „viel zu einfach“ mit Butternockerln

Zutaten für 4 Portionen

1 kg Wildschweinschopf oder -schulter

Salz

Pfeffer

Rapsöl

8 getrocknete Marillen

4 Schalotten

Madras-Curry

scharfe Currypaste

Kreuzkümmel

Honig

Cayennepfeffer

Sherry

300 ml dunkles Bier

Maisstärke oder Pfeilwurzelmehl

Für die Nockerln

4 Eier

100 g Butter

Salz

200 g Mehl

Zur Variation: Statt Butternockerln passen auch Reis, Couscous oder Hartweizennudeln als Beilage zum Wildschweincurry.

Fleisch in ca. walnussgroße Stücke schneiden, salzen, pfeffern und in Öl rundum anbraten. Achtung: nicht zu viel Fleisch auf einmal in die Pfanne geben! Wenn die Stücke übereinander liegen, tritt viel Saft aus – das Fleisch beginnt zu köcheln, statt dass es brät und der Saft im Fleisch bleibt.

Schalotten schälen. Schalotten und Marillen in Streifen schneiden und gemeinsam mit Curry, Currypaste, Kreuzkümmel, Honig und einer Prise Cayennepfeffer mit dem Fleisch verrühren. Einen kräftigen Schuss Sherry und das Bier dazugießen und alles auf kleiner Flamme ca. 1 Stunde köcheln.

Saft mit in Wasser angerührter Maisstärke oder Pfeilwurzelmehl leicht binden.

Für die Nockerln Eier in Dotter und Eiweiß trennen. Butter cremig rühren, Dotter nach und nach einarbeiten. Salz zugeben und das Mehl einarbeiten. Eiklar mit einer Prise Salz zu mäßig steifem Schnee schlagen. Schnee unter die Butter-Mehl-Masse heben.

Mit einem Esslöffel Nockerlteig portionsweise ausstechen und mithilfe des Löffels in der hohlen Hand zu Nockerln formen. Nockerln im Wasser knapp unter dem Siedepunkt ca. 10 Minuten ziehen lassen. Eine Schaufel Eiswürfel zu den Nockerln geben, Deckel auf den Topf legen, Topf von der Hitze nehmen und die Nockerln noch ein paar Minuten im Eiswasser stehen lassen (so werden die Nockerln optimal flaumig, vorausgesetzt, der Butterabtrieb war homogen).

Wildsaugulasch

auf Szegediner Art

Zutaten für 4 Portionen

3 Zwiebeln

3 EL Schmalz

Kristallzucker

5 Zehen Knoblauch

7 EL edelsüßes Paprikapulver

1 Schote Chili

1 Lorbeerblatt

3 Wacholderbeeren

1 Msp. Kümmel

5 Pfefferkörner

1 Stängel Liebstöckel

Salz

1,5 kg Schopf oder Schulter vom Wildschwein

400 g Sauerkraut (siehe Anmerkung unten)

1 kg speckige Erdäpfel

3 Essiggurken

1 Pfefferoni

1 Becher Sauerrahm

Kräuter wie Majoran/Oregano, Schnittlauch oder Liebstöckel

Zwiebeln schälen, feinblättrig schneiden und in Schmalz mit einer guten Prise Zucker glasig anschwitzen.

Knoblauch schälen, durch die Presse drücken und mit allen anderen Zutaten außer Fleisch, Kraut, Erdäpfeln, Gurkerln, Pfefferoni, Kräutern und Sauerrahm zu den Zwiebeln geben.

Fleisch in Würfel schneiden und in den Gulaschansatz rühren. Alles mit so viel Wasser oder Suppe aufgießen, dass das Fleisch gut bedeckt ist. Deckel auf den Topf legen und das Fleisch bei mäßiger Hitze ca. ½ Stunde köcheln.

Erdäpfel schälen, in walnussgroße Stücke schneiden und gemeinsam mit dem Sauerkraut zum Fleisch geben. Weiter köcheln, bis die Erdäpfel weich sind.

Essiggurken und Pfefferoni blättrig schneiden und in das Gulasch rühren. Szegediner kräftig pikant – süß-sauer-scharf – abschmecken, in Teller schöpfen und auf jede Portion einen Löffel Sauerrahm geben. Mit Kräutern bestreut servieren.

Zum Sauerkraut: Wenn das Kraut sehr salzig ist oder eine unangenehm spitze Säure hat, vor der Verwendung mit kaltem Wasser abspülen und ausdrücken. Nachwürzen kann man das Gericht zum guten Schluss immer noch.

ZU FINDEN BEI DEN REZEPTEN

Wildgansmagen und -herz, Seite 022
Wurzelfond, Seite 052
Gesurte Wildsauschnitzel, Seite 133
Wildsaufilet im Heu, Seite 136
Roggen-Pizza mit luftgetrocknetem
Wildschinken, Seite 144

Topinambur

Früher wurden die Knollen dieses Sonnenblumengewächses geringschätzig „Sauerdäpfel" genannt. Dass Topinambur auch für die gute Ernährung des Menschen taugen, zeigen die Rezepte dieses Buches.

Wildsauschnitzel

mit gebratenen Sauerdäpfeln

Zutaten für 4 Portionen

4 Schnitzel vom Wildsauschopf à ca. 200 g

Senf

Mehl

Schweineschmalz

Bier

Butter

Salz, Pfeffer

Kümmel

Kren

Für die Sur (siehe Anmerkung unten)

2 Karotten

50 g Knollensellerie

1 Knolle Knoblauch

1 kleine Zwiebel

1 Gewürznelke

5 schwarze zerdrückte Pfefferkörner

5 zerdrückte Korianderkörner

1 EL brauner Zucker

20 g Salz

Für die Erdäpfel

500 g Sauerdäpfel vulgo Topinambur

Schweineschmalz

Salz, Pfeffer

Kümmel

Zur Sur: Das Suren (also Einlegen in eine salzige Lösung) macht das Fleisch mürb, hält es saftig und gibt ihm nach diesem Rezept auch eine interessante Würze.

Für die Sur Gemüse putzen bzw. schälen und klein schneiden. Gemüse, Gewürze und ca. 1 l Wasser in ein verschließbares Gefäß (z. B. in eine Plastikbox) geben. Schnitzel leicht klopfen, in der Sur wenden, Box verschließen und die Schnitzel mindestens einen Tag suren.

Sauerdäpfel unter fließendem, kaltem Wasser mit einer Bürste gut reinigen und auf einem Dämpfeinsatz bzw. im Kombidämpfer garen, bis sie sich leicht anstechen lassen. Knollen der Länge nach halbieren. Backofen auf 220 °C vorheizen, dabei ein Backblech mittemperieren. 2 EL Schmalz aufs heiße Blech geben, mit Salz und Pfeffer bestreuen, Erdäpfel mit den Schnittflächen nach unten aufs Blech legen, mit ein wenig Kümmel bestreuen und im Ofen ca. 10 Minuten farbgebend braten.

Schnitzel aus der Sur heben, trockentupfen, auf einer Seite mit Senf bestreichen und durch Mehl ziehen. In einer Pfanne mit Schmalz auf der bemehlten Seite anbraten, wenden und auch auf der anderen Seite kurz braten. Schnitzel aus der Pfanne heben.

Bratensatz mit ein wenig Mehl stauben, mit Bier aufgießen, 1-2 EL Butter und eine Prise Kümmel einrühren. Sauce sämig kochen und mit Salz und Pfeffer würzen. Schnitzel in die Sauce legen und in der zugedeckten Pfanne ein paar Minuten ziehen lassen.

Schnitzel und Sauerdäpfel auf Teller geben. Fleisch mit Sauce überziehen. Mit viel frisch gerissenem Kren bestreuen.

Frischlingsrücken

mit Holler, Quittenkraut und Linsencreme

Zutaten für 4 Portionen

600 g Frischlingsrücken
Salz
Pfeffer
Schweineschmalz
Salbeiblätter

Für das Kraut (siehe Anmerkung unten)

2 Quitten
2 Köpfe Weißkraut
evtl. Molke
Salz
60 g gerebelten Holler
Hollerlikör oder Johannisbeerlikör
Zucker
Zitronensaft
Pfeilwurzel- oder Stärkemehl

Für die Linsencreme

60 g Berglinsen
Bohnenkraut
Wasabi
Kurkuma
Zimt
Oliven- oder Walnussöl
Sherryessig
Salz

Zum Kraut: Mithilfe eines Gärtopfs können Sie Kraut mit individueller Note herstellen. Abgesehen von Quitten bieten sich Birnen oder festfleischige Äpfel für das gemeinsame Vergären mit Weißkraut an.

Quitten entkernen, aber ungeschält lassen. Quitten am besten mit einem Krauthobel fein hacheln. Kraut ebenfalls fein hacheln. Kraut und Quitten lagenweise in einen Gärtopf geben und einstampfen, bis der Krautsaft über dem Kraut steht. Kraut beschweren.

Wasser oder Molke mit 1 EL Salz pro Liter Flüssigkeit aufkochen und auf das Kraut gießen. Die Flüssigkeit muss über dem Beschwerstein stehen. Quittenkraut kühl stellen und vergären lassen (dauert ca. drei Wochen; dabei darauf achten, dass die Rinne des Gärtopfs stets mit Wasser gefüllt ist).

Linsen in kaltem Wasser einweichen und zwei, drei Tage stehen lassen. Linsen im Einweichwasser mit Bohnenkraut weich kochen. Wasser abgießen, aber auffangen. Linsen mit je einer Messerspitze Wasabi und Kurkuma sowie einer Prise Zimt pürieren. So viel vom Kochwasser und Öl einmixen, dass eine Creme entsteht. Mit Sherryessig und Salz abschmecken.

Holler in einen Topf geben, so viel Likör zugießen, dass die Beeren bedeckt sind, weiters 2 TL Zucker und ein wenig Zitronensaft zugeben und die Hollerbeeren ca. 10 Minuten köcheln. Mit in Wasser angerührtem Pfeilwurzel- oder Stärkemehl leicht binden.

Fleisch salzen und pfeffern und in Schmalz rundum anbraten. Zwei, drei Salbeiblätter dazugeben, Deckel auf die Pfanne legen und das Fleisch bei geringer Hitze nur ein paar Minuten garen.

Linsenpaste auf Teller streichen. Fleisch in Scheiben schneiden und auf die Linsen legen. Kraut und Beeren dazugeben. Weiters passen zu diesem Gericht Kompottquitten oder -birnen.

Wildsaufilet

im Heu mit Kipfler-Erdäpfeln

Zutaten für 4 Portionen

600 g Erdäpfel (Kipfler oder eine andere, recht fest kochende Sorte)

2 Zehen Knoblauch

getrockneter Majoran

edelsüßes Paprikapulver

Olivenöl

Ketchup

Honig

Balsamessig

Salz

2 Filets vom Wildschwein

Grüner Speck oder „Forcherspeck" (siehe Seite 139, fein geschnitten)

Heu

Haselnussöl

Butterschmalz

1 unbehandelte Zitrone

Erdäpfel unter fließendem, kaltem Wasser waschen und bürsten, im Dämpfer oder über Dampf garen, bis sie weich sind. Topinambur der Länge nach halbieren.

Knoblauch schälen und pressen und mit je 1 TL Majoran und Paprikapulver, einem guten Schuss Olivenöl, 1 TL Ketchup, 1 EL Honig, einem Spritzer Essig und Salz vermischen. Fleisch in dieser Marinade wenden, in Speck wickeln und binden.

Einen Bräter mit Heu auslegen, Filets ins Heu setzen und im Backofen bei 200 °C ca. 10 Minuten garen (die Kerntemperatur sollte 65 °C betragen; mit einem Bratenthermometer prüfen).

In einer beschichteten Pfanne einen guten Schuss Haselnussöl erhitzen, Salz und Pfeffer in die Pfanne streuen, Topinambur mit den Schnittflächen nach unten einlegen und in der zugedeckten Pfanne braten, bis sie an den Schnittflächen Farbe genommen haben.

Fleisch aus dem Speck lösen und in dicke Scheiben schneiden. Mit Topinambur anrichten. Alles mit Butterschmalz beträufeln und mit geriebener Zitronenschale bestreuen.

Wildsaufilet

mit Brennnesselnocken

Zutaten für 4 Portionen

600 g Wildschweinfilet
schwarzer Pfeffer
edelsüßer Paprika
Maiskeimöl
Thymian
Knoblauch
Salz
Butterschmalz
Petersilie
Selleriegrün
Vogelbeerschnaps

Für die Nocken

3 Handvoll junge Brennnesselspitzen
Salz, Pfeffer
Muskatnuss
4 Knoblauchzehen
1 kleine Zwiebel
Butter
300 g Vollkorn-, Weizen- oder Dinkelbrot
4 Eier
2 EL glattes Mehl
⅛ l Schlagobers
evtl. Weizengrieß
120 g Nockenkäse oder alter Bergkäse

Zuerst den Nockenteig vorbereiten: Brennnesseln waschen und tropfnass erhitzen, bis die Blätter zusammengefallen sind. Brennnesseln ausdrücken und mit Salz, Pfeffer und geriebener Muskatnuss würzen. Knoblauch und Zwiebel schälen, klein schneiden und in Butter glasig anschwitzen. Zwiebel-Knoblauch-Mischung gemeinsam mit den Brennnesseln pürieren.

Brot kleinwürfelig schneiden, mit Mehl, Obers und Spinat vermischen. Masse zusammendrücken und etwa eine halbe Stunde ruhen lassen; falls die Masse zu locker erscheint, zwecks Bindung ein wenig Grieß unterheben und nochmals ruhen lassen.

Fleisch zuputzen. 1 TL grob gemahlenen Pfeffer, 2 TL Paprika, eine Prise getrockneten Thymian, 1 gepresste Knoblauchzehe und eine gute Prise Salz mit einem kräftigen Schuss Öl verrühren. Fleisch mit dieser Marinade einreiben. In einer Pfanne 2 EL Butterschmalz erhitzen. Fleisch einlegen, rundum anbraten und im Backofen bei 180 °C fertig braten (dauert ca. 8 Minuten; Garzustand mit der Druckprobe feststellen: Wenn das Fleisch außen fest ist, im Kern aber noch nachgibt, ist es richtig gebraten). Ofen ausschalten und das Filet im warmen Ofen ziehen lassen.

Mit einem Löffel Nocken ausstechen und in siedendem Salzwasser gar ziehen lassen (dauert ca. 10 Minuten). Brennnesselnocken aus dem Wasser heben und abtropfen lassen.

Eine Marinade aus Öl, gehackter Petersilie, Selleriegrün, ganz wenig gepresstem Knoblauch, Salz und einem Schuss Vogelbeerschnaps rühren. Fleisch in Scheiben schneiden, auf Teller legen und mit der Marinade überziehen.

Nocken auf die Teller geben und mit heißer Butter beträufeln. Käse reiben und auf die Brennnesselnocken streuen.

Zur Variation: Bei der Zubereitung der Nocken kann man statt Brennnesselspitzen auch Spinat verwenden.

ZU FINDEN BEI DEN REZEPTEN

Gamscarpaccio mit geschmorten Quitten, Seite 110
Frischlingsrücken mit Quittenkraut, Seite 134
Schwarzbeernocken mit Quittenkompott, Seite 162

Quitten

Sehr spät im Jahr – in der Hochsaison der Jagd – reifen diese Früchte. Mit ihrem leicht herben, festen Fleisch passen sie optimal zu Wildgerichten.

Forcherspeck

ZU FINDEN BEI DEN REZEPTEN

Rehfilet mit Reizker, Seite 074
Wildsaufilet im Heu, Seite 136

Dieser Speck wird zu Ehren Sepp Forchers „Forcherspeck“ genannt. Als Sepp Forcher in seiner Jugend bei der Errichtung des Kraftwerks Kaprun als Lastenträger harte Arbeit zu leisten hatte, bestand seine Hauptnahrung aus Brot und Paprikaspeck. Die Wertschätzung für guten Speck hat Sepp Forcher bis heute beibehalten.

Später, als sich Sepp Forcher bereits einen Namen als Botschafter der Volkskultur gemacht hatte, lernte er den Paprikaspeck des Metzgers Obauer in Werfen kennen und schätzen. Heute halten wir im Restaurant Obauer die schöne Geschichte in Erinnerung und haben stets „Forcherspeck“ in der Vorratskammer (könnte ja sein, dass der Sepp vorbeischaut). Die Trademark „Forcherspeck“ ist eine geschützte Ursprungsbezeichnung aus der Küche des Restaurants Obauer in Werfen, was zum 65. Geburtstag Sepp Forchers per Handschlag besiegelt wurde (mehr als einen Handschlag braucht es bei uns in Salzburg für solche „Rechtsgeschäfte“ nicht).

Kochideen für Wildgerichte, die mit verschiedenen Arten von Wildbret gut gelingen.

WILD VERMISCHT

Die sogenannten Edelteile gibt es in der guten Küche nicht, denn gute Köchinnen und Köche können aus jedem Teil des Wildbrets schmackhafte Gerichte zubereiten.

Es kommt drauf an, was man draus macht! Pizza und Knödel können nicht nur satt machen, sondern auch große Gaumenfreuden bereiten.

Schinken und Faschiertes mögen fast alle gern. Hier kommt beides in Bestform auf den Tisch und auf die Teller.

Tauernroggen-Pizza

mit luftgetrocknetem Wildschinken

Zutaten für 4 Portionen

Für den Teig

90 g Butter

200 g glattes Mehl

180 g griffiges Mehl

150 g fein gemahlener Tauernroggen (siehe Anmerkung unten)

Salz

Für den Belag

10 dag durchzogener Speck

200 g Hirsch- oder Gamsschinken (siehe Seite 148)

1 Stange Porree

250 g Schotten oder Crème fraîche

Majoran

Quendel (Bergthymian)

Salz

Nussöl

Zum Roggen: Dieses Getreide verleiht dem Teig besonders herzhaften Geschmack. Wenn man keinen fein gemahlenen Roggen besorgen kann, nimmt man Roggenmehl oder ersetzt den Roggen durch griffiges Mehl.

Für den Teig kalte Butter in Würfel schneiden und mit Mehl, Roggen, Salz und kaltem Wasser nach Bedarf zu einem elastischen Teig kneten. Backblech mit Mehl bestreuen, Teig auf einer mit Mehl bestreuten Arbeitsfläche messerrückendick ausrollen und auf das Blech legen.

Porree putzen. Porree und Speck in dünne Streifen schneiden. Teig mit Schotten oder Crème fraîche bestreichen und mit Porree und Speck belegen. Mit Majoranblättchen (Dost) und/oder Quendel sowie wenig Salz bestreuen.

Blech in den vorgeheizten Backofen schieben und die Pizza bei maximaler Hitze (Umluft) backen, bis die Ränder knusprig und braun sind (dauert 8 bis 15 Minuten). Pizza vor dem Servieren mit Nussöl beträufeln und mit fein geschnittenem Wildschinken belegen.

Zur Variation: Diese Pizza kann man zusätzlich mit Topinambur anreichern oder als Topinambur-Pizza vegetarisch zubereiten. Dafür Topinambur gut waschen oder – noch besser – unter fließendem Wasser bürsten, in dünne Scheiben schneiden und auf die Pizza streuen. Wenn man kleine Pizzen backen will, formt man den Teig zu einer Rolle, schneidet davon Scheiben ab, drückt die Scheiben flach und belegt diese Törtchen wie beschrieben.

Wildfleischknödel

mit Rettichsalat

Zutaten für 4 Portionen

300 g gekochtes Wildfleisch

1 Zwiebel

2 Zehen Knoblauch

Majoran

2 EL Butter

400 g Semmelwürfel oder
6 altbackene Semmeln

Salz

Pfeffer

Kümmel

Kräuter wie Petersilie, Kerbel
und Schnittlauch

200 ml Milch

1 Ei

Mehl

Für den Salat

2 schwarze Rettiche

Salz

weißer Balsamicoessig

2 EL Sauerrahm

Fleisch faschieren. Zwiebel schälen, klein schneiden und gemeinsam mit gepresstem Knoblauch und einer Prise Majoran in der Butter anschwitzen.

Faschiertes, Zwiebelmischung, Semmelwürfel, Salz, Pfeffer, Kümmel, 3 EL gehackte Kräuter und 4 EL Mehl in einer Schüssel vermischen. Milch erhitzen, zu den anderen Zutaten gießen, Ei einrühren, die Masse gut vermischen, ein wenig zusammendrücken und ca. ½ Stunde rasten lassen.

Aus der Masse mit bemehlten Händen Knödel formen und in gesalzenem Wasser oder Suppe knapp unter dem Siedepunkt ca. 10 Minuten gar ziehen lassen. Knödel aus dem Fond heben und abtropfen lassen.

Für den Salat die Rettiche schälen, fein reiben, salzen und etwa ¼ Stunde ziehen lassen. Flüssigkeit abgießen, geriebenen Rettich ausdrücken und mit einem kleinen Schuss Essig und dem Sauerrahm vermischen.

Knödel in ein wenig vom heißen Fond anrichten und mit Schnittlauch bestreuen. Salat als Beilage servieren und eventuell mit Löwenzahnblättern bestreuen.

Zur Variation: Die Zugabe von ein wenig Wild- oder Geflügelleber gibt dem Knödel noch mehr Geschmack.

Wildschinken

luftgetrocknet

Zutaten für 4 Portionen

Hirsch-, Gams- oder Rehschlegel (siehe Anmerkung unten)

Pökelsalz

Rohrohrzucker

schwarzer Pfeffer

Kakaopulver

Wacholderbeeren

Korianderkörner

Knoblauch

getrocknete Kräuter wie Minze, Oregano, Salbei, Gebirgswermut, Liebstöckel, Estragon

fruchtiges Destillat wie Weinbrand, Cognac, Armagnac, Meisterwurz- oder Blutwurzschnaps

Tresterbrand

Kräuterlikör

Fleisch auslösen, zuputzen und wiegen. Pro Kilo Fleisch eine Marinade aus 22 g Pökelsalz, 1 EL Zucker, 1 EL zerdrücktem oder im Mörser zerriebenem schwarzen Pfeffer, 1 TL Kakaopulver, ein paar zerdrückten Wacholderbeeren und Korianderkörnern, einer gepressten Zehe Knoblauch, getrockneten Kräutern und je einem guten Schuss Weinbrand, Tresterbrand und Kräuterlikör rühren.

Fleisch mit dieser Marinade rundum einreiben, vakuumieren und ein paar Wochen gut gekühlt in der Gewürzmarinade ziehen lassen.

Fleisch aus der Vakuumverpackung nehmen und an einem luftigen, kühlen Ort hängend trocknen. Die Trockendauer ist von der Dicke der Fleischteile abhängig, etwa zwei bis vier Wochen Trockenzeit werden erforderlich sein, bis der Schinken gut getrocknet ist.

Wildschinken am besten hauchdünn aufschneiden und mit würzigen und/oder fruchtigen Saucen bzw. Dips wie Schwarzbeersenf (Rezept auf Seite 111 dieses Buches) und Hagebuttenmarmelade (Seite 099) genießen.

Auch das Brustfleisch von Birk- und Auerhahn kann man auf diese Art veredeln und konservieren.

Wildsulz

mit Kakao und Balsamico-Wachteleiern

Zutaten für 12 Portionen

150 g Karotten

600 g Wildfleisch (zum Beispiel von der Reh- oder Hirschschulter)

150 g Zwiebeln

1 Zehe Knoblauch

½ l Rotwein

4 cl Rotweinessig

400 ml Rindsuppe oder Hühnersuppe

15 g Kakaopulver

50 g Geleepulver

20 g Salz

Für die Eier

24 Wachteleier

Rosmarin

Minze

Balsamicoessig

Für die Sauce

1/16 l Liebstöckelextrakt (siehe Seite 032)

⅛ l Erdnussöl

½ TL Kakaopulver

ein paar Spritzer Balsamicoessig

Für die Garnitur

Löwenzahn und/oder andere würzige Salate

Eier ca. 8 Minuten hart kochen und in kaltem Wasser abschrecken. Eier schälen, in ein Glas geben, ein paar Nadeln Rosmarin und ein paar Blättchen Minze zugeben. Glas mit Balsamicoessig auffüllen, Eier im verschlossenen Glas mindestens einen Tag ziehen lassen; diese Eier sind sehr lange haltbar, man sagt „hundert Jahre" (ohne Gewähr).

Karotten putzen und fein reiben. Zwiebeln schälen und fein schneiden. Knoblauch schälen und fein schneiden. Fleisch kleinwürfelig schneiden oder grob faschieren.

Gemüse mit Fleisch, Suppe, Wein, Salz, Essig und Kakao vermischen und ca. eine halbe Stunde köcheln. Geleepulver einrühren und ca. 5 Minuten weiter köcheln. Masse in eine Terrinenform oder in Tassen füllen und kühlen.

Für die Sauce alle Zutaten verrühren und leicht erwärmen, damit sich das Kakaopulver auflöst.

Sulz in Portionen schneiden, auf Teller legen, pro Portion 2 Wachteleier dazugeben. Mit Sauce beträufeln und mit Salaten garnieren. Dazu passt auch fein geschnittener Rehschinken.

Radicchio

Weil die Kombination von bitteren und süßen Zutaten zu den Grundharmonien der guten Küche zählt, passen zum leicht süßlichen Wildfleisch ganz vorzüglich herbwürzige Salate wie Radicchio, Chicorée und Löwenzahn.

ZU FINDEN BEI DEN REZEPTEN

Maibockrücken mit 6-Minuten-Ei, Seite 079
Gebeiztes Hirschfilet mit geschmortem Trevisano, Seite 094

ZU FINDEN BEI DEN REZEPTEN

Wildgansleber mit Herbsttrompeten, Seite 030
Fasan komplett, Seite 042

Maroni

Die edlen Kastanien sind Klassiker unter den Beilagen zu Wildgerichten und schmecken in gerösteter Form ebenso wie als Püree.

Kohlrabi-Wildwickler

mit Butterkäs-Püree

Zutaten für 4 Portionen

1 Semmel

Obers

250 g Wildfleisch

getrocknete Kräuter wie Salbei, Majoran oder Rosmarin

1 Zwiebel

1 Zehe Knoblauch

Butter

Liebstöckelextrakt (siehe Seite 032)

1 Ei

Salz

Pfeffer

Kohlrabiblätter (siehe Anmerkung unten)

Wacholderbeeren

2 Schalotten

evtl. Speck

Für das Püree

2 große mehlige Erdäpfel

Salz

50 g Butterkäse oder jungen Bergkäse

Milch

Salz

Muskatnuss

Zur Variation: Statt Kohlrabiblätter kann man für die Wildwickler auch Weinblätter oder blanchierte und vom Strunk befreite Mangoldblätter verwenden.

Semmel in Würfel schneiden und mit so viel Obers begießen, dass die Semmelwürfel leicht durchfeuchtet werden (man braucht ca. 100 ml).

Fleisch in Würfel schneiden. Zwiebel und Knoblauch schälen, klein schneiden und in 2 EL Butter anschwitzen. Zwiebel, Knoblauch, Fleisch, Kräuter, einen Schuss Liebstöckelextrakt und Semmelwürfel vermischen und grob faschieren. Ei einrühren. Masse mit Salz und Pfeffer abschmecken.

Eine Form mit Butter ausstreichen. Faschiertes in Kohlrabiblätter oder blanchierte Weinblätter wickeln und in die Form legen.

Butter mit ein paar zerdrückten Wacholderbeeren erhitzen und über die Wildwickler gießen. Mit geschälten und fein geschnittenen Schalotten und evtl. Speckwürfeln bestreuen. Im Backofen bei 180 °C ca. 20 Minuten garen.

Für das Püree Erdäpfel schälen und in walnussgroße Stücke schneiden. Erdäpfel in gesalzenem Wasser kochen, Wasser abgießen, Erdäpfel durch die Presse drücken, mit fein geriebenem Käse verrühren. So viel heiße Milch einrühren, dass ein cremiges Püree entsteht. Mit Salz und geriebener Muskatnuss abschmecken.

Wickler mit Püree als Beilage anrichten. Wickler mit dem Bratensaft beträufeln, evtl. das Püree mit getrockneten Brennnesselsamen streuen.

Murmeltier

mit Liebstöckelsauce, Speck und Kohlsprossen

Zutaten für 4 Portionen

1 Murmeltier (küchenfertig)
Milch oder Molke
2 Zwiebeln (in der Schale)
½ Knoblauchknolle
Wacholderbeeren
Kümmel
Piment
Pfeffer
1 Lorbeerblatt
durchzogener Speck
Butter

Für die Sauce

¼ l Liebstöckelextrakt (siehe Seite 032)
1 Schwarte vom Räucherspeck
¼ l Obers
Maisstärke oder Pfeilwurzelmehl
Butter
Salz
Cayennepfeffer

Für die Kohlsprossen

350 g Kohlsprossen
Salz
Butter
Vogelbeerkonfitüre

Murmeltier mit Milch oder Molke bedeckt drei Tage kühl marinieren. Milch oder Molke abgießen. Murmeltier mit kaltem Wasser gut waschen, in Stücke teilen und in einen Topf geben.

So viel Wasser zugießen, dass alle Fleischteile gut bedeckt sind. Halbierte Zwiebeln und eine halbe Knolle Knoblauch (beides kann in der Schale bleiben), ein paar Wacholderbeeren, je eine Prise Kümmel, Piment und Pfeffer sowie ein Lorbeerblatt zugeben. Murmeltier so lange köcheln, bis sich das Fleisch leicht von den Knochen löst (dauert ca. zweieinhalb Stunden). Im bedeckten Topf auskühlen lassen. Fleisch von den Knochen lösen und in kleine Stücke zupfen.

Für die Sauce Liebstöckelextrakt mit einer Räucherspeckschwarte erhitzen. Obers zugießen und aufkochen. Mit Maisstärke oder Pfeilwurzelmehl binden. Alternativ statt Obers und dem Bindemittel QimiQ-Saucenbasis verwenden. Schwarte aus der Sauce nehmen, einen Löffel Butter einmixen. Sauce mit Salz und Cayennepfeffer abschmecken.

Kohlsprossen putzen, Strünke kreuzweise einschneiden, Kohlsprossen in gesalzenem Wasser weich kochen und in eiskaltem Wasser abschrecken. Ein wenig Butter erhitzen, Kohlsprossen in der Butter mit 1 EL Vogelbeerkonfitüre erhitzen.

Dünne Scheiben vom Speck braten oder zwischen zwei Blättern Küchenrolle im Mikrowellengerät knusprig machen.

Fleisch in nussbrauner Butter mit einer gepressten Knoblauchzehe schwenken. Fleisch in tiefe Teller geben, mit Sauce überziehen und Kohlsprossen als Beilage geben. Speckscheiben darauflegen.

Beeren passen zu fast allen Wildgerichten und erst recht zum Abschluss eines Natur-Menüs.

SÜSSES FINALE

Gesammelt statt gejagt – aber ebenfalls für die gute Küche erbeutet. Mit Beeren lässt sich auch süße Küche aus dem Wildrevier bestreiten.

Ich bin kein Jäger, der Wildtiere erlegt, aber gern gehe ich auf die Pirsch nach Beeren, Kräutern, Wildfrüchten und Pilzen. Wie seit Jahrtausenden ergänzen auch heute noch Sammler die Jäger, und gemeinsam sorgen sie dafür, dass die Gaben der Natur den Menschen nützlich werden.

Süsses Finale

Zum guten Schluss: Ein paar süße Kochideen aus dem Repertoire der ländlichen Küche.

DIE REZEPTE

Energieriegel

für die Pirsch nach Greti Naynar*

Zutaten für ca. 25 Riegel

200 g Butter
125 g Vollrohrzucker
4 EL Honig
150 g Sesam
120 g Vollkornmehl
250 g Haferflocken
Oblaten

Butter, Zucker und Honig schmelzen und mit den trockenen Zutaten (außer Oblaten) verrühren.

Masse auf Oblaten streichen. Auf Backpapier legen und im Backofen bei ca. 180 °C 15 bis 20 Minuten backen. Heiß in Riegel schneiden und am besten in Butterbrotpapier einwickeln.

Zur Variation: Diese Riegel kann man mit trockenen Früchten und Beeren nach Geschmack und Belieben bereichern, zum Beispiel mit Dörrzwetschgen und getrockneten Birnen, Äpfeln, Feigen und Datteln. Auch gehackte oder grob geriebene Nüsse machen sich in diesen Riegeln gut. In einer Dose aufbewahrt bleiben die Riegel mehrere Wochen saftig.

** Zur Greti Naynar: Die Greti betreibt gemeinsam mit Gunther Naynar den Hiasnhof im Lungau. Dort entstehen großartige Käse, und die Greti ist nichts weniger als eine großartige Köchin.*

Schwarzbeernocken

mit Quittenkompott

Zutaten für 4-6 Portionen

Für die Nocken

½ kg Schwarzbeeren (Heidelbeeren)

20 dag glattes Mehl

ca. ⅕ l Milch

ca. 2 EL Butterschmalz

Salz

Staubzucker

Kristallzucker

Für das Kompott

8 Quitten

400 g Zucker

2 Sternanis

Zimt

Vanille

Schwarzbeeren mit Mehl und einer Prise Salz vermischen, unter ständigem Rühren so viel kochende Milch zugießen, dass eine zähe Masse entsteht.

In einer großen Pfanne Butterschmalz erhitzen, die Nockenmasse löffelweise in die Pfanne setzen und anbraten. Nocken wenden, Deckel auf die Pfanne legen. Nocken noch ein paar Minuten braten. Mit Kristallzucker und Staubzucker bestreut servieren.

Dazu passt zum Beispiel Quittenkompott. Dafür Quitten schälen, in Spalten schneiden und die Kerne ausschneiden. Quitten in Einweckgläser legen. 2 Liter Wasser mit Zucker, Sternanis, einem Stück Zimtrinde und einer halben aufgeschnittenen Vanilleschote aufkochen, bis sich der Zucker gelöst hat. Diese Flüssigkeit auf die Quitten gießen (die Quitten müssen von Flüssigkeit bedeckt sein). Gläser verschließen und die Quitten im Wasserbad bei 90 °C ca. 50 Minuten garen.

Als weitere Ergänzung kann man Zimtobers geben. Dafür Obers mit einer Prise Zimt, Staubzucker nach Geschmack und ein wenig Sauerrahm steif schlagen.

Anmerkungen zur Kompottmenge: Aus den angegebenen Zutaten entsteht natürlich deutlich mehr Kompott, als man für vier bis sechs Portionen Schwarzbeernocken als Beilage braucht, aber beim Kompottkochen sollte man doch gleich ein paar Gläser auf Vorrat produzieren.

Anmerkung zur hochgeistigen Veredelung: Nach dem Servieren einen kräftigen Schuss Quittenschnaps auf das Kompott gießen (sofern das Kompott nicht für Kinder gedacht ist, denn die haben am Schnaps erfahrungsgemäß wenig Freude bzw. sollte man ihnen diese Freude so früh nicht gönnen).

Schwarzbeerschmarren

mit Schwarzbeerkompott

Zutaten für 4 Portionen

10 dag Schwarzbeeren (Heidelbeeren)

¼ l griffiges Mehl

4 Eier

ca. ¼ l Milch

2 EL Butterschmalz

1 EL Butter

Staubzucker

Salz

Für das Kompott

¼ l Cassis (Johannisbeerlikör)

Maisstärkemehl

250 g Schwarzbeeren

Mehl mit einer Prise Salz und kalter Milch zu einem dicken Teig verrühren, Eier schlampig einrühren (nicht vollkommen glatt rühren).

In einer großen Pfanne Butterschmalz und Butter erhitzen (dabei darauf achten, dass die Butter nicht bräunt). Masse in die Pfanne geben und bei mäßiger Hitze bei zugedeckter Pfanne anbacken (der Teig muss am Rand hochsteigen).

Masse kreuzweise zerschneiden, wenden und am Herd fertig backen. Schmarren mit zwei Gabeln in Stücke zupfen. Schwarzbeeren und Zucker nach Geschmack zugeben. Pfanne wieder zudecken und den Schmarren noch ein paar Minuten ziehen lassen.

Für das Kompott Likör erhitzen. Ein wenig Maisstärkemehl in kaltes Wasser einrühren, Likör damit leicht binden. Schwarzbeeren zugeben und ein paar Minuten köcheln.

Anmerkung für das perfekte Schmarrenbacken: Die richtige Hitze macht den Unterschied – die Pfanne muss gerade so heiß sein, dass der Teig schön aufgeht, aber nicht so heiß, dass der Schmarren harte Krusten kriegt. Wenn man der Bäuerin auf der Mitterfeld-Alm beim Schmarrenbacken zuschaut, erfährt man, wie es geht.

Anmerkung zur Variation: Statt oder zusätzlich zu Schwarzbeeren kann man auch Himbeeren, Brombeeren oder eine Mischung aus Waldbeeren verwenden.

Was bei der Jagd und bei der guten Küche wirklich zählt: Respekt vor der Schöpfung, Einklang mit der Natur.

SCHLUSS WORT

Dieses Buch entstand im Zusammenwirken eines passionierten Berufsjägers und eines leidenschaftlichen Kochs – auf gemeinsamen Pirschgängen, bei der Arbeit in der Küche des Restaurants Obauer, bei Gesprächen bis tief in die Nacht und auf dem Grillplatz vor einem Almhaus, von dem man auf die wunderbare Kulisse von Tennen- und Hagengebirge und hinunter ins Tal der Salzach blickt.

Der Jäger und der Koch haben dabei ihr reiches Wissen ausgetauscht und voneinander viel lernen können – über die Lebensart und das Verhalten der Wildtiere und über die kulinarische Veredelung und Verwertung des Wildbrets. Auch über das, was bei der Ausübung der Jagd und bei der Zubereitung guter Gerichte wirklich zählt – der Einklang mit der Natur und der behutsame Umgang mit ihren Gaben.

Mit dem Zuwachs an Wissen steigt oft der Respekt vor dem Thema der Betrachtung, denn erst die vertiefte Kenntnis öffnet den Blick auf so manches Geheimnis, das unter der Oberfläche verborgen liegt. Und so war es auch hier.

Den Blick auf das Wesen der Jagd in unserer Zeit und nicht weniger auf die Freuden der Wildbeobachtung zu lenken, das Verständnis für den Kreislauf der Natur aus Werden und Vergehen wachzurufen, Aufmerksamkeit für die vielen Zutaten aus den Revieren zu wecken, die wunderbar mit Wildbret harmonieren – das war eine der Intentionen für die Gestaltung dieses Buches.

Dass dies gelungen sein möge, erhoffen und wünschen sich Christoph Burgstaller (der Jaga) und Rudi Obauer (der Koch).

Impressum

4. Auflage

Gesetzt aus der Para Supreme und der GT America

Medieninhaber, Verleger und Herausgeber:
Red Bull Media House GmbH
Oberst-Lepperdinger-Straße 11–15
5071 Wals bei Salzburg, Österreich
info@at.redbullmediahouse.com

Umschlaggestaltung, Layout und Satz:
Melanie Kraxner, melaniekraxner.com
Roberto Funke, dreizehnundfuenf.de

Fotos: Armin Walcher, arminwalcher.at
außer Schwarz-Weiß-Fotos Jagdteil Seite 026–093 Christoph Burgstaller

Set Design & Styling: Melanie Kraxner

Lithografie: Christoph Ratzer, dmsmedia.at

Text: Werner Meisinger
Lektorat: Martina Paischer

Druckerei: Neografia

ISBN 978-3-7104-0206-7